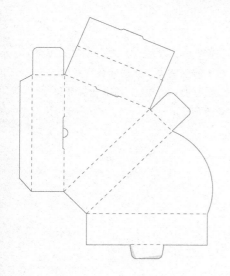

纸盒包装
结构设计

ZHIHE BAOZHUANG
JIEGOU SHEJI

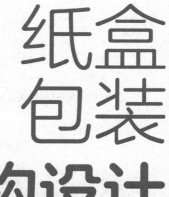

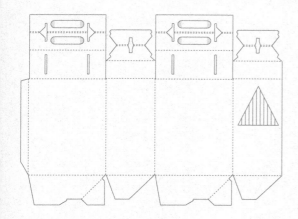

刘秀伟　张颖慧　编著

 化学工业出版社
·北京·

内 容 简 介

本书遵循职业教育循序渐进的方式，其教学内容的安排，从了解包装设计、熟知包装历史、理解包装设计分类、掌握包装视觉设计语言的准确表达，直至把承载的包装结构，精准地折叠和开启，它不只是商品包装的开启，也是包装设计师和从业人员事业的开启。

图书在版编目（CIP）数据

纸盒包装结构设计 / 刘秀伟，张颖慧编著．—北京：
化学工业出版社，2024.1（2024.11重印）
ISBN 978-7-122-44320-5

Ⅰ．①纸…　Ⅱ．①刘…　②张…　Ⅲ．①包装纸板－包
装容器－包装设计　Ⅳ．① TB484.1

中国国家版本馆 CIP 数据核字（2023）第 196284 号

责任编辑：李彦玲　　　　　　　　　　　　　　装帧设计：王晓宇
责任校对：刘　一

出版发行：化学工业出版社（北京市东城区青年湖南街 13 号　邮政编码 100011）
印　　装：北京天宇星印刷厂
787mm×1092mm　1/16　印张 8¼　字数 202 千字　2024 年 11 月北京第 1 版第 2 次印刷

购书咨询：010-64518888　　　　　　　　　　售后服务：010-64518899
网　　址：http://www.cip.com.cn
凡购买本书，如有缺损质量问题，本社销售中心负责调换。

定　　价：49.80 元
　　　　　　　　　　　　　　　　　　　　　　版权所有　违者必究

写在前面的话

　　随着经济社会的发展，包装设计的需求量日益增长，包装设计在纸媒的发展趋势中稳健上升。早在 2019 年，我国已经超过日本，成为仅次于美国的第二大包装设计大国。在这样的背景下，包装事业的发展也影响了包装设计的专业教学，其在结构和材料上的探索成为了包装设计教育教学的核心内容。本书结合编者多年教学经验及世界优秀案例，重点分析多种典型纸盒的功能和结构，引导读者在实践中锻炼造型思维；并结合包装设计的基本经验和设计基础，归纳总结并解析了不同变形纸盒的结构设计思路，帮助学习者从了解包装开始，从无到有地了解纸盒的结构，及其造型设计的思路，引导学生初步了解纸盒包装与印刷工艺的关系，增强学习后续专业课程的信心。书中通过大量的世界优秀案例及带领学生参加学科竞赛的获奖作品，将动手实践带入理论教学中，关注纸质包装结构的研究，思考"人"和"环境"的关系，帮助学生提高自主学习的积极性和竞争意识。

　　本书由北京印刷学院设计艺术学院刘秀伟和张颖慧共同编著，不足之处，望请多多批评指正。

编著者

2023 年 8 月

目录

CONTENTS

第1章｜包装设计概述

1.1 包装设计的含义 / 002

1.2 包装设计的价值 / 005

1.3 包装设计的功能 / 008

1.4 包装设计的发展与趋势 / 009

第2章｜纸与纸盒

2.1 纸质包装材料的分类 / 015

2.1.1 纸张 / 015

2.1.2 纸板 / 018

2.1.3 瓦楞纸板 / 019

2.2 包装盒的基本要素 / 022

2.2.1 盒体部位的名称和作用 / 022

2.2.2 盒体不同折线的功能 / 023

2.3 纸盒的分类 / 024

2.3.1 折叠纸盒 / 024

2.3.2　固定纸盒 / 026

2.4　纸盒结构设计概述 / 028

2.4.1　纸盒的尺寸 / 028

2.4.2　管式折叠纸盒的结构 / 029

2.4.3　盘式折叠纸盒的结构 / 034

第3章｜纸盒结构设计

3.1　插入式结构设计 / 039

3.2　插卡式结构设计 / 048

3.3　插锁式结构设计 / 051

3.4　正撤封口式结构设计 / 053

3.5　花型锁封口式结构设计 / 056

3.6　罩盖式结构设计 / 059

3.7　摇盖式结构设计 / 074

3.8　抽屉式结构设计 / 106

参考文献 / 126

第1章 | 包装设计概述

1.1 包装设计的含义

在包装设计的定义里，"包"即是包裹、包藏的意思；在中国书法艺术中，篆书的"包"字就能够很好地体现其含义，它所表现的就像一个母亲孕育孩子的形象。"装"，就是收纳、贮存的意思。简单的两个字组合在一起，体现了包装设计的精髓——保护产品。

在设计学学科中，包装设计是一门跨学科的、综合性较强的专业，其涉及了消费心理学、材料学、美学、广告学等多重学科的知识，是有目的地对产品的包装结构、形态材料及视觉装潢进行设计的一门学科。然而，包装设计也是一个理性加感性的设计过程。如果一定要区分开哪些是感性，哪些是理性的话，我们可以将文字、色彩和图形等视觉要素称之为感性设计，而将包装结构设计称之为理性设计。包装设计初期它是平面的，包装造型完成后它是立体的，而这个立体，依靠的就是包装结构设计。因此，一个好的包装设计，不仅要有好看的图形、丰富的色彩和符合商品属性的文字，以及具有形式美感的编排；而且，支撑它"屹立"在消费者面前的结构，是最重要的一个关键点（图1.1、图1.2）。所以，我们说包装结构、包装造型和装潢设计三者有机结合，才能充分地发挥包装设计的作用。

图1.1 "大城"驴肉包装设计

设计团队：　创意总监　索姆查纳·康瓦尼特（Somchana Kangwarnjit）

　　　　　　结构设计　塔纳卡蒙·乌塞坦（Thanakamon Uthaitham）

设计洞察：　该包装的灵感来自于设计师在超市中发现许多坏掉的葡萄。葡萄是鲜食的水果，但是葡萄的果肉比较柔软，一不小心就会被压坏，因此，在从果园运输到商店的过程中容易受到损害，导致消费者购买到的葡萄与农民提供的高品质葡萄不相匹配。

解决方案：　二合一（Twin-One）新鲜葡萄的包装设计，是用瓦楞纸制成的六角形包装。通过别插形式，一纸成型，无需粘合的包装，不仅可以保护运输中的葡萄，打开包装后，既可以直接食用葡萄，还能转变成水果托盘。该托盘可以用在超市、商店货架上展示葡萄，也可以让消费者在家中使用。

最终效果：　简单的瓦楞纸盒的设计，创新而独特的包装可以很好地保护葡萄，使葡萄到我们的餐桌上如在农场时一样新鲜可口。

图1.2 2013年亚洲之星包装设计奖/二合一葡包装设计/ Prompt设计工作室/泰国

1.2 包装设计的价值

自工业革命以后，产品的包装设计在商业领域中逐步确立了自己的价值和地位，随着经济社会的不断发展，商业的进步也带动了包装设计产业的升级和发展。在现代化飞速发展的今天，我国已成为全球第二大包装大国，包装行业的主要产品包括：纸包装、塑料包装、金属包装、玻璃包装、包装机械。其中，纸包装是包装行业最重要的组成部分，在食品、药品、家用电器、文化用品等领域广泛应用。因此，我们在日常生活中，能看到复杂多样的纸质包装盒，它们兼具美观性与适用性，既能使商品更具吸引力，又有利于保护商品的完整性，是人类造物智慧的发展和延续。没有包装的产品是不完整的，产品的包装设计不仅仅体现了保护产品的价值，更充当了产品"推销员"的角色，是产品无声的广告。消费者根据产品包装的信息接触和认识产品，从而使包装设计成为了品牌宣传不可缺少的部分，继而促进了产品的销售和消费者的购买。

包装设计的价值随着时代的发展也在不断升级和变化，包装产业发展水平的高低也能够体现出一个时代的进步和潮流。20世纪80年代后期，由日本、美国、德国等发达国家提出的"绿色印刷"概念，主要提倡节约资源以及能源，减少生态环境污染。2010年9月，我国国家新闻出版总署和原环境保护部签署了《实施绿色印刷战略合作协议》，从而标志着我国"绿色印刷"工程的正式开始。次年，我国对绿色印刷工作进行了全面的战略部署，明确提出了绿色印刷实施的范围和目标，并且明确了绿色印刷发展的途径和配套保障工作。从此我国"绿色印刷"进入了全面发展的阶段。

在此影响下，绿色包装越来越受到人们的重视，包装开始转变成为人与人、人与环境之间的思考和创新，把对资源的浪费和环境的污染降到最低。绿色包装的发展引发了设计师对包装结构、材料的选择和创新的思考，进而开始考虑包装设计功能的附加值，例如，在使用过程中增加能够进行组合拆卸、多次利用、重复回收等功能，这样尽可能地延长包装的使用寿命，实现人与自然和环境的和谐。

在绿色包装的设计概念中，包装结构设计体现了绿色包装的内涵，很大程度上体现了"以人为本"的设计方式，依据包装的基本功能和实际情况，从科学原理出发，采用绿色的材料和成型方式，完成包装立体造型和包装样式设计，实现与自然资源的平衡（图1.3）。

优秀的结构设计应简约而极具美感。独具特色的包装结构，不仅留有耐人寻味的感觉，而且具备较强的市场竞争力。绿色包装设计要想达到人与包装设计的和谐关系，即顺利地拿、放商品，在包装的使用过程中能随心所欲，这就要求设计师结合人机工程学在包装结构设计和功能设计方面下功夫。人机工程学在包装方面的具体应用有包装结构设计、造型设计、功能设计等方面。这些设计更倾向于设计的审美性，它是以宜人性为最终目的。在人机工程学和现代高科技的技术下，绿色包装设计在结构上应该是完美的和经济的，也就是说，在使用上是舒适的，在外观上是美的。它应该也是人机工程学在包装结构设计上体现出来的通用设计，即无

障碍设计。这样的包装结构才是我们所提倡的绿色包装设计。

逐步地体验人们的需要，在实际设计活动中去接触、总结并探索符合人们心理的审美结构和审美活动的规律，找出绿色包装设计结构的优化途径，塑造客观事物的外在表现形式，进行宜人、节约的包装设计，从包装的造型到系统的总体布置都要尺度宜人，色彩协调，美观大方，节省材料，从包装的比例和尺度中求得一种美的节奏，从包装款式和图案中求得品味，从而在人机环境的谐调关系中充分展示包装的审美功能，做到一个商品的包装结构能适应所有人使用，且使用的方法及指引简单明了，即使是缺少经验、无良好视力及身体机能有缺陷的人士也可受惠而不构成"妨碍"，不同能力的使用者在没有辅助的环境下，仍能顺利开启包装享用商品。

图1.3　首届全国大学生包装结构设计竞赛一等奖/VODKA酒包装设计/李化帅

1.3　包装设计的功能

包装设计按不同尺寸可以分为大包装、中包装、小包装。不同尺寸的包装具有不同的功能和作用。

大包装作为运输和传送物品的必要装置，主要作用就是保护产品不受损害，并且便于长途或者短途的运输和装卸。由于交通运输的特殊要求，大包装更加注重结构形式的合理性、材料的经济性和空间的适用性。可以说产品大包装的设计更加注重运输和销售的便利性。

产品中包装的设计不仅需要具有便于运输和存放的要求，而且还需要针对不同产品的特点考虑具体的用途和作用。它需要具备大包装设计中材料和结构的合理性，又要具备产品广告宣传和销售的作用，不仅需要起到保护产品的功能，还需要根据产品特性、企业文化等方面，进行视觉上的考虑和设计。

产品的小包装设计也称为内包装设计。它是个体包装设计的一种，直接与消费者接触，同时也最能直接得到消费者的注意力和青睐。在整个的产品销售过程中，小包装占据极为重要的位置，它是产品包装设计展现在消费者眼前最直接的方式，不仅对产品保护方面有着重要的作用，而且起着联系消费者与企业的纽带作用。因此小包装的设计过程需要考虑到产品的特性，以及消费者的使用习惯和消费习惯，在结构和材料的选择上有较高的要求；其次，在小包装的外观设计上，视觉上的图形创意也能够激发消费者的购买欲望，促进销售，所以也尤为重要（图1.4）。

图1.4　"廿四生花"花茶包装设计

1.4 包装设计的发展与趋势

在原始时期，受到生产力的限制，没有包装设计的概念，只是用来满足盛饭和存储功能，多使用一些树叶、果皮、藤条等天然材料。随着生产力的发展，社会对包装的需求也大大增加，加上手工业的出现，包装技术工艺的进步，包装成为不仅具备储存、运输，还兼具视觉传播功能的设计，是集视觉的审美性、技术的科学性于一体的设计活动。根据杜邦定律的规则：影响消费者的购买决定的因素中，大约有63%的消费者是根据产品包装设计而决定购买的。因此包装设计是作为产品的一种广告形象率先进入人们的视线当中，对消费者的购买行为发生着重要的引导作用。

随着市场竞争的日益激烈，消费者对于包装设计的需求也越来越多样化，设计师逐步转向用简化结构做不简单设计，在结构实行减量化设计。目前，市场上广泛使用的包装盒主要有两种，别插式和锁口式。别插式的盒子易于消费者买前开启观察，同时也方便取用。锁口式盒子的特点是封口比较牢固，但开启稍显不便。这两种结构的盒子所用材料是所有盒子中最节省的。例

如，2011年葛兰茶包装的创意小茶人（Tea People by Grain Creative）的包装设计（图1.5），这是澳大利亚Grain受邀为其创意全新的茶包装，希望能够挖掘更多的潜在新客户。其设计了四款极具个性的茶包装以展现该品牌的四个流行口味：华丽艺妓、英式早餐、湾仔、法国伯爵茶。每个盒内除了茶叶袋之外还有一张很小的产品折页，来邀请客户花5分钟时间喝杯茶，了解一下品牌更多的故事。该设计使用就是摇盖盒、别插底的包装结构，并将纸张材料的用量减少到最低点，其简洁的包装结构令人眼前一亮。

在我们的日常生活中，一提起珠宝饰品，人们脑海中对应的是时尚、富有、尊贵，似乎包装设计师只有为饰品设计出华丽、复杂结构的包装才能配得上这类商品。一位名叫Dante Iniguez的学生，从绿色包装减量化设计的角度，为我们提供了一个全新的设计方案。该包装选用自然色彩的纸材，简单的别插结构，极容易开启，又能很好地保护商品。折叠的文字造型和包装结构的特点达到了完美的契合，三角形镂空和暖灰色

图1.5 葛兰茶包装

的造型显现了珠宝在光照下折射出不同的变化。盒子的造型依饰品形状的不同来设计，可把纸材的使用量降到最低（图1.6）。由此可见，用极简包装结构也能做出不简单的包装设计。我们可以在包装的视觉设计层面下功夫，变简化为神奇，在绿色包装设计上探索新的道路。

在包装设计中，纸质材料作为可回收再利用的主要环保型材料，是绿色包装设计中主要的材质。因此，在纸质材料的包装设计结构的基础上，研究设计更经济适用的盒型结构也是设计师长期努力的重要方向。在包装设计中，设计师一般需要先去了解包装结构成型的法则，确定使用哪种组装方式，如粘贴、穿插等；另外，在对于基本结构形态熟练掌握之后，对结构进行合理得当的改

造，从而使包装结构具有较高的观赏性和艺术性。

在纸包装结构设计中，需要充分考虑包装产品的容纳、包裹、捆扎等条件和因素，从而可以达到良好的保护作用，使商品的质量、功能和形态不受到影响，并且方便生产与运输。因此，在结构设计上，也需要考虑产品包装的展示及携带的便利性，从而尽可能地降低能源及资源的损耗，从而设计出有利于环境保护与资源回收和利用的结构。

为了达到这个目的，在包装设计中，以不用黏合剂的包装结构替代使用黏合剂的包装盒，是很多设计师选择的一种设计方式。近几年，日本和欧洲的包装设计越来越重视

图1.6 饰品包装设计/Dante Iniguez作品

包装结构设计中环保和方便的理念，设计、生产和使用一次成型不需要黏合的包装盒已经成为国际流行大趋势。在绿色包装设计原则中，有一条就是使用的包装材料种类越少越便于回收。因此，使用不依靠黏合剂而使包装成型的结构必然比用黏合剂的包装更绿色环保。一般来说，包装盒成型后均是立体结构，这种结构占用空间较大。在将废弃包装运送到回收站之前，必须将包装盒变成平板结构以方便存放和运输。虽然包装盒成型前肯定是平板结构，但是绝大多数包装盒都是通过黏合成型，所以，一般情况下不得不用力将包装盒撕开，破坏其立体结构，这就给回收带来了不便。而一次成型不需要黏合的包装结构，不仅方便成型、拆装，而且在保证包装盒的基本功能的前提下，最大限度

地减少纸板的用量。

2011年Dieline奖第一名——波林五金扣件包装设计（图1.7），其包装在原有基础上重新设计的五金扣件包装盒，重点聚焦在可用性上。结构来自于一张无需黏合剂的再生纸，这些盒子既可以独立存在，又可以组装成一个牢固且环环相扣的存储单元。该包装最大的特点是别插舌作为一个独特的附加功能，是可以翻折的。翻出既可以组装在一起，折回又可成为独立包装。同时，为了便于组装，内部绘有平面的包装结构图，整体形成了适合于家庭使用的绿色包装。

灯泡作为易碎商品，在它的包装设计上其保护功能就显得尤为重要。但是灯泡又是

图1.7　波林五金扣件包装设计

日常生活中常用的消费品，在销售过程中售价又不能过高，如果包装结构设计复杂，必然会增加成本，影响销售，且不易开启，给消费者带来使用上的不便；反之则很难做到有效的保护，这是一个矛盾。怎么样做到既降低成本，结构设计又具强大的保护性呢？这是包装结构设计师一直在思考的问题。或许我们可以在下面这两个灯泡的包装结构设计中寻找到答案。

Light 三只装节能灯泡包装设计，是美国旧金山州立大学学生完成的一个实验项目（图1.8）。他们使用新的包装结构创造出一个和环境、使用者都能建立友好关系的无需黏合剂、一次成型的易碎品创新结构设计作品。他们的设计理念主要有 6 个：

①在大规模生产的情况下，产生最少量的包装垃圾。

②每个灯泡的包装使用最少的材料。

③包装具有 POP 展示功能，在零售场所能够有效地展示商品。

④结构紧凑，重量轻，坚固耐用，可堆叠降低运输成本。

⑤环保的可回收材料，无须使用塑料和黏合剂。

⑥三只家庭装节能灯泡可能不是一次性用完，采用可重复密封结构（包装能轻松地打开和扣和）。

再如，飞利浦 LED 灯的包装设计，其结构也是选用一次成型别插形式，材料选择普通的瓦楞纸板，既起到对易碎品保护功能的同时又是一个具有环保理念的绿色包装设计作品（图1.9）。对于这样的环保、创新的包装结构设计，我们要支持、宣扬。

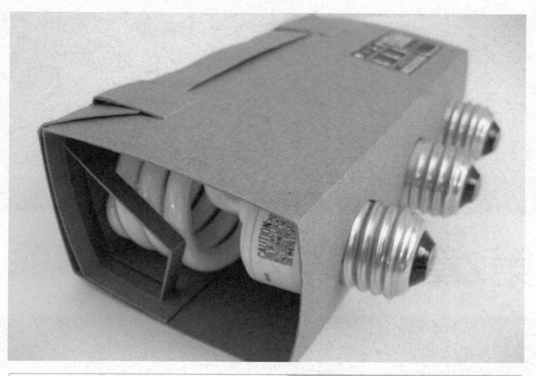

图1.8 Light 三只装节能灯泡包装设计

图1.9 飞利浦LED灯包装

第2章 | 纸与纸盒

2.1 纸质包装材料的分类

在现代包装设计中，科学选择材料，是一个成功的包装设计中重要的环节。纸质材料由于它具有柔软和韧性强的特点，为各种包装设计创意的实现提供了多种可能，并且相对于其他材料来说，纸质材料也是最适用于不同工艺加工和表面处理的材料。由于纸质材料具有多种可塑性特点，其主要应用在销售包装和运输包装中，因此，它们多是以销售包装中的纸盒和运输包装中的纸箱呈现在我们面前。依据纸盒和纸箱的包装结构，纸质包装材料主要可分为纸张、纸板、瓦楞纸三大类。其中，瓦楞纸可以兼顾销售包装和运输包装。

2.1.1 纸张

纸张即纸的总称，是用植物纤维制成的薄片，分为原料纸张和再生纸张。印刷纸张较常用的有大度纸，幅面尺寸为 889mm×1194mm；正度纸，幅面尺寸为 787mm×1092mm。常用纸张一般分为铜版纸、白板纸、胶版纸、卡纸、牛皮纸、特种纸、再生纸、玻璃纸、黄版纸、有光纸、过滤纸、油封纸、字典纸、毛边纸、浸蜡纸、铝箔纸等。

（1）铜版纸

铜版纸又称印刷涂布纸，主要是用木及纤维棉等高级原料精制而成（图2.1），铜版纸一般具有以下特点。

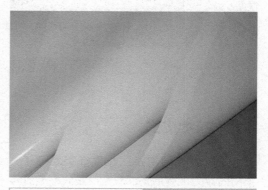

图2.1　铜版纸

①表面光滑，白度较高，纸张一面为光面，一面为哑光面，只有光面可以印刷，定量为 $70 \sim 250 \text{g/m}^2$。

②对油墨吸收性与接收状态很好，可以实现各种颜色的印刷，对于颜色无限制，根据质量分为 A、B、C 三个等级。

③铜版纸防水性强，黏着力大，油墨印

上去后能够透出光亮的白底，适合于多色套版印刷，并且印刷后色彩鲜艳，层次变化丰富。印刷后常用的表面处理工艺有：过胶、过UV、烫印、击凸。常用于礼盒、瓶贴、吊牌等产品的印刷。

双铜纸是指双面铜版纸，又称双面涂布纸，两面都具有很好的平滑度，可双面印刷。双铜纸纸质均匀紧密，白度较高（85%以上），纸张两面光滑，定量为105～300g/m²（图2.2）。光泽上优于单铜纸，而在挺度、硬度上低于单铜纸。

图2.3　牛皮纸

（3）特种纸（艺术纸）

特种纸是产量比较小、材质好、价格贵的纸张，是各种特殊用途纸或艺术纸的统称。特种纸种类繁多，包装材料上常用到的有压纹纸、花纹纸、"凝采"珠光花纹纸、"星采"金属花纹纸、金纸、银纸等。这些纸张经过特殊处理，可以提升包装的质感档次；但压纹压花类的都不能印刷，只能表面烫印，星采、金纸、银纸等可以四色印刷，金、银纸可采用冰点雪花处理工艺。

（4）再生纸

再生纸是一种环保绿色材料的纸张，它的材质比较松散，价格相对"亲民"。也正是因为这样的原因被越来越多的设计师作为最佳选择，也被越来越多的生产厂商生产，从而使再生纸张成为了包装材料发展的重要方向。

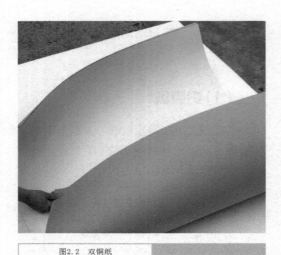

图2.2　双铜纸

（2）牛皮纸

牛皮纸坚韧耐水，且价格实惠，具有很高的拉力，有单光、双光、条纹、无纹等（图2.3）。牛皮纸的特点如下。

①通常呈黄褐色，半漂或全漂后呈现不同的灰色甚至白色，分白牛皮和黄牛皮，定量80～120g/m²，裂断长一般在6000m以上。

②适合使用较醒目、鲜艳的油墨，亦可使用专用油墨，纸张分为U、A、B三个等级。

③印刷后常用的表面处理工艺：过胶、过UV、烫印、击凸等。

（5）玻璃纸

玻璃纸有很多不同的种类，有彩色和本色。玻璃纸质非常薄，透明度很强，富有光泽度，可直接用于产品本身或者作为装饰，用在产品的包装盒上，还可以起到防尘的作用（图2.4）。除此之外，还有专门的防潮玻璃纸，可起到很好的防潮作用。

图2.4　玻璃纸

(6) 油封纸

油封纸一般用于产品包装的内层，尤其是对于受潮易变质的产品有一定的保护作用（图2.5），例如作为糖果、饼干等食品的外包装盒的外层保护纸。一些金属产品也常常用其作为包装的保护纸，以防止产品锈蚀。

图2.5　油封纸

(7) 字典纸 (书刊纸)

字典纸是一种纸质轻薄的书写用纸，其材质强韧耐折，质地比较紧密、平滑，有一定的抗水性质。字典纸对印刷工艺的要求比较高，主要用于页码比较多的字典等书籍。

(8) 毛边纸

毛边纸是一种质地相对松软、用竹纤维制成的淡黄色纸张，也称为竹纤维纸（图2.6）。毛边纸没有抗水性，但是有良好的吸墨性，只适合单面印刷，一般用于古籍书的印刷，为中国古代最广泛使用的纸张。

图2.6　毛边纸

(9) 铝箔纸

铝箔纸一般用于高档产品的包装内衬，由铝箔衬纸和铝箔裱糊粘接而成（图2.7）。铝箔纸质地比较柔软，容易变形，但是变形后不易反弹，有很好的避光性，并具有防紫外线的功能，耐高温，因而有很好的保护产品性质的优点，可用于延长商品的寿命，保鲜防潮，广泛应用于产品的包装设计中。

图2.7　铝箔纸

2.1.2　纸板

纸板又称板纸，是由各种纸浆加工成的、纤维相互交织组成的厚纸页。纸与纸板是按照定量（指单位面积的重量，以 g/m^2 表示）或厚度来区分。凡定量在 $250g/m^2$ 以下或厚度在 0.1mm 以下的称为纸，以上的称为纸板（有些产品定量虽达 $200 \sim 250g/m^2$，习惯仍称为纸，如白卡纸、绘图纸等）。

（1）白板纸

白板纸，纤维组织比较均匀，表面有一定的涂层，并经过多辊压光处理（图2.8）。纸面洁白而平滑，具有较均匀的吸墨性，分灰底白和白底白两种类型，定量在 $210 \sim 400g/m^2$。白板纸具有较好的吸墨性，能获得完整、饱满、层次清晰丰富的图文印迹，体现出较佳的印刷质量和色彩效果。印刷后常用的表面处理工艺有：过胶、过UV、烫印、击凸。

图2.8　白板纸

（2）白卡纸

白卡纸是一种质地较坚硬、薄而挺括的白色卡纸。它是用漂白化学制浆制造，然后通过多次充分施胶，经过单层或多层结合而成的纸，适于印刷和产品的包装。

白卡纸有几种比较明显的特点：

①充分施胶的单层或多层结合的纸，两面都洁白、光滑，分黄芯和白芯两种，定量在 $150g/m^2$ 以上。

②对白度要求很高，分为三个等级，A等的白度不低于 92%，B 等不低于 87%，C 等不低于 82%，白卡纸相对白板纸更高档。

③印刷后常用的表面处理工艺有：过胶、过UV、烫印、击凸。

目前，进口的白卡纸在我国占据着较大的市场份额。但国产白卡纸在价格上具有一定的优势，被广泛地使用在名片、证书及产品包装设计上。

（3）荷兰板

荷兰板是灰板纸的统称，因其背面为灰色，俗称灰板纸。荷兰板最早是指源自荷兰，完全由再生纸制造而成的高级纸板（图2.9）。荷兰板与白板纸不同点有：

①坚硬平整，均匀度好，在任何气候下都能保持平整度，不易变形。

②表面需裱一层铜版纸或者特种纸，主要规格为 $1 \sim 3$mm 厚。

③裱的是铜版纸，则工艺方面与之相同，若裱的是特种纸，大部分只能烫印，部分可以实现简单印刷，但印刷效果不佳。

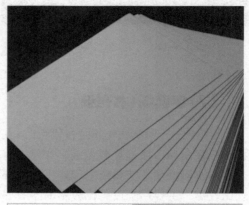

图2.9　荷兰板

(4)护角纸板

护角纸板是一种绿色环保的包装新型包装材料,以纸张和黏合剂为原料加工形成不同形状的护角纸板(图2.10),有方形、环绕形、L形、U形及缓冲垫形等。护角纸板的使用减少了包装中发泡塑料的使用,能够有效地保护商品,增加抗压强度。

图2.10 护角纸板

2.1.3 瓦楞纸板

瓦楞纸板又称波纹纸板,一般由一张平顺的箱板纸板(又称箱纸板)与波浪形的芯纸夹层(俗称坑纸、瓦楞芯纸)裱合而成,轻便、牢固、成本低、易加工、易于回收处理。

1856年,英国人爱德华·希利(Edward G. Healy)和爱德华·艾伦(Edward E. Allen)兄弟申请了一种能让纸张打皱的工艺专利,将纸张压成波纹形状,作为高顶帽子的内衬,以使其更耐用,更舒适。之后由于其高强度且具有吸收冲击振动的能力而被广泛用于保护商品。

1871年,美国人阿尔伯特·琼斯(Albert L. Jones)率先使用瓦楞纸作为保护性包装。他用单面瓦楞纸包裹玻璃瓶和煤油灯罩,这种材料比纺织物能更好地保护易碎产品,并且比用木屑填充箱子减轻冲击更卫生、更干净。

1874年,另一位美国人奥利弗·朗(Oliver Long)对琼斯的专利进行了改进,在瓦楞纸上增加了两张纸或内衬。这样既保持了纸张的柔韧性,又增强了纸张的阻尼性能,并且不会使波纹变形。瓦楞纸板正式诞生。

1894年,亨利·诺里斯(Henry Norris)和罗伯特·汤普森(Robert Thompson)在美国生产了第一批瓦楞纸箱。一年后,出售给富国银行用于运输。这些纸板箱不仅比传统的木箱便宜、轻巧,而且易于存放。尽管瓦楞纸箱有很多优势,但是当时并没有赢得富国银行运营商的信任,他们不相信箱子的强度和坚固性。最后,实践证明,瓦楞纸箱因具有重量轻、用途广、成本低、耐久的特性而成为理想的包装材料。

1902年,瓦楞纸箱正式作为铁路运输包装箱。1914年,日本开始生产纸箱。1920年双层瓦楞纸板问世,其用途得以迅速扩大。今天,瓦楞纸箱已经成为信任和可持续性的代名词(图2.11、图2.12)。瓦楞纸板的特点如下。

①相对普通纸张更直挺,承重能力更强,分五种类型:A、B(运输包装)、C(啤酒箱)、E(单件包装箱)、F(微型瓦楞)。

②常用的有三层瓦楞纸板(单坑)、五层瓦楞纸板(双坑)、七层瓦楞纸板(三坑)、十一层瓦楞纸板(五坑)。

③可实现各种颜色的印刷,但效果不如铜版纸。

④印刷后常用的表面处理工艺:过胶、过UV、烫印、击凸。

图2.11　2018年Pentawards大奖赛银奖/茨城县农产品运输瓦楞纸箱/Rengo联合包装集团/日本

设计团队：　泷本古里（Kori Takimoto），和田狩野（Karino Wada），矶部隆人（Ryuto Isobe）

设计洞察：　位于日本茨城县的全国农业协同组合联合会总部，为扩大县内农产品的销售量，与联合包装集团农产品直销办事处和东京都市圈的大型零售商合作，开展"蔬菜日活动"，该活动在全国范围内同时进行。吃时令蔬菜，度过炎热的夏天，设计师们创新了农产品运输用的瓦楞纸箱，在农业产量方面打造了日本第二大农业县的品牌形象。

解决方案：　基于"让你微笑的农业"概念，设计师们在瓦楞纸箱的设计上采用了简单而亲切的设计语言。希望无论是消费者还是生产者，无论是男女老少，都能微笑着面对农业。①直接用茨城县（Ibaraki）地名设计的标志，让人第一眼就能知道这是来自茨城县的产品。②"茨城县到处都是好东西"的宣传口号，传递出茨城县农业产值居全国第二位，是距离都市最近的农场。③手绘风格的插图体现了亲近感。另外，大面积的留白，会给人一种清爽、干净的感觉，同时，也易于人们看到微笑标记并留下深刻的印象。④与微笑标志一样，手绘风格的黑色线条，在边界线上刻意流出间隙和偏差，营造出休闲感和亲切感。

最终效果：　随着分销渠道的多样化和消费者生活方式的改变，茨城县首次将用于运输农产品的纸箱进行了整体形象设计，提升了茨城县农产品的品牌形象和品牌文化。同时，为了适应不同农产品的需求，设计师们为茨城县农产品运输纸箱设计了四种不同规格：横型、纵型、深型和浅型。此次设计执行，使农场的收入稳步提高，同时也保证农产品能够简单和快捷进入销售渠道。

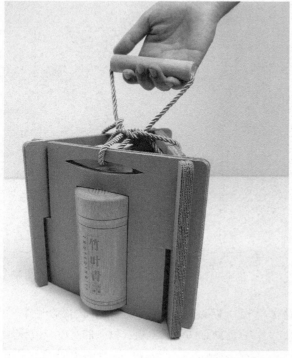

图2.12 2013年全国包装结构大赛特等奖/竹叶青茶叶包装设计/黄东放

2.2　包装盒的基本要素

每一个包装盒都是由各个部件（就像一个个机器的零部件）组合成为立体的形态展现在消费者面前。因此每一个包装设计师需要了解不同部件的名称，熟练掌握包装各个基本部件的特点，从而在此基础上进行包装结构的调整和创新。

2.2.1　盒体部位的名称和作用

盒体各部位结构如图 2.13 所示，具体名称和作用如下。

盒长：指的是纸盒的长度，也是包装盒中测量盒体大小的第一个尺寸。

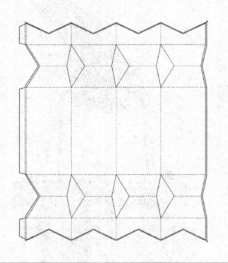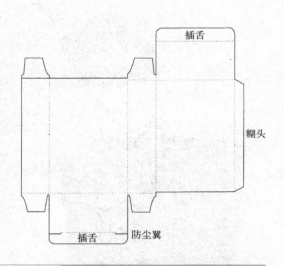

插舌

糊头

插舌　　防尘翼

图2.13　包装部件图

盒宽：指的是当面对盒体的时候，对立面的宽度。

盒高：就是盒的深度，指盛放东西的高度。

糊头：是纸盒成型面与面之间的粘合处。糊头一般左右两边都各向内收进15°，以此防止妨碍防尘翼。糊头的宽度一般设置在 20mm 以上，以保证粘合的牢固度，不过也不应该一概而论，不同的盒型需要根据盒型的样式和盒型的大小来决定。

插舌：是连接盒盖和盒体的部分，用于插入盒体中，从而来固定盒体。目前使用的插舌大多数都是摩擦式插舌，方便多次开合，增加了盒体的使用寿命。因此需要多次开启的盒型一般都是使用摩擦式插舌。

防尘翼：顾名思义，防尘翼的功能就是防止灰尘进入包装盒内部，同时也能够帮助增加盒体的承重力，没有防尘翼整个纸盒会显得松懈无力。在有些新式的盒体中，防尘翼还可以通过创新设计出不同形式来帮助固定内部的产品。

盒壁：有一些盒形设计的盒体是双层立体结构，因此要求盒壁要有一定的厚度，这个厚度一般设置在8～10mm，在某些特殊的情况下，也可以根据实际情况制定厚度。值得注意的是，双层盒壁的内壁的深度尺寸，需要减去自身材料纸质的厚度，才能与外壁结合，否则会出现不平整的效果。另外，如果有设计连接内壁的起固定作用压舌时，两端尽头处也需要像糊头一样各向内收进15°。

表2.1　盒体不同图线型式

名称	图线型式	图线意义	横切刀型	应用范围
单实线	——————————	轮廓线 裁切线	横切刀 横切刀尖齿刀	1.纸箱(盒)立体轮廓可视线 2.纸箱（盒）坯切断
双实线	==========	开槽线	开槽刀	区域开槽切断
单虚线	- - - - - - -	内折线	开槽刀	1.大区域内折压痕 2.小区域内对折压痕 3.作业压痕线
点划线	— · — · — · —	外折线	压痕刀	1.大区域外折压痕 2.小区域内对折压痕
三点点划线	— ··· — ··· —	向内侧切痕线	横切压痕组合刀	1.大区域内对折间歇切断压痕 2.预成型类纸盒(箱) 作业压痕线
两点点划线	— ·· — ·· —	向外侧切痕线	横切压痕组合刀	大区域外折见血切断压痕
双虚线	==========	对折线	压痕刀	大区域对折压痕
波纹线	～～～～～	软边裁切线 瓦楞纸板剖面线	波纹刀	1.盒盖插入襟片边缘波纹切断 2.盒盖装饰波纹切断 3.瓦楞纸板纵切剖面
点虚线	··············	打孔线	针齿刀	方便开启结构
波浪线	∪∪∪∪∪	撕裂打孔线	拉链刀	方便开启结构

2.2.2　盒体不同折线的功能

单实线：指的是包装盒中的轮廓裁切线，一般来说，单实线的线宽大约在0.5～1.2mm。

双实线：当包装盒盒体的某一部分需要设计一个厚度的时候，就需要标注双实线的折线。其意味着用两片普通的单实线做出压痕，在中间留出需要设计的宽度。

单虚线：指在包装盒中用于内折压痕的线。单虚线的线宽一般为单实线的1/3。

点划线：一般是用在包装盒中外折痕的压痕线，通常为单实线的1/3。

波浪线：一般是用于软边的裁切线，并且在瓦楞纸板中也用作剖切线使用。

2.3 纸盒的分类

本书我们主要讨论纸盒的包装设计，一是纸质包装应用面广；二是纸具有多种优良特性，资源丰富，易回收，而且容易降解，是包装设计中首选的绿色包装材料。

纸盒包装作为商品的一种外在展现形式，是国内外包装中使用最多、最广泛的销售包装形式。在整个印刷包装行业中，纸盒的样式最为复杂多样，因其材质、特性、结构、形状、用途、包装对象和工艺不同，纸盒分类的方式也各不相同。

①按纸盒加工方式来分：有手工纸盒和机制纸盒。

②按制盒材料特征来分：有平纸板盒、全粘合纸板盒、细瓦楞纸板盒、复合材料纸盒。

③按用纸定量来分：有薄板纸盒、厚板纸盒和瓦楞纸盒。

④按纸盒形状来分：有长方形、正方形、多边形、圆形和异形纸盒。

⑤按包装用途来分：有软包装和硬包装。

⑥按包装结构的功能性来分：保护性结构纸盒、应用性结构纸盒和装饰性结构纸盒。

虽然纸盒的分类方法有很多，但最常用的分类方法是按照纸盒成品结构特征来分类：有折叠纸盒和固定纸盒两大类，即根据纸盒成型后是否可以折叠来进行分类。

2.3.1 折叠纸盒

折叠纸盒，即成品可折叠压放（图2.14）。因其占用空间小、便于运输，是应用最为广泛，结构变化最多的一种销售包装。折叠纸盒是较薄但有韧性的纸板，经印刷、模切和压痕后，主要通过折叠组合方式成型的纸盒。

（1）特点

①纸板厚度一般为 $0.3 \sim 1.1mm$，因为小于 $0.3mm$ 的纸板其刚性和挺度不足，大于 $1.1mm$ 的纸板一般加工设备上难以获得满意的压痕。

②空置纸盒可以折叠成平板状进行堆码和运输储存，打开即成盒。

图2.14 折叠纸盒

（2）优点

①成本低，加工工序简单、易操作。

②流通费用低，能配合运输、堆码的机械设备。

③适合于大规模批量生产，可在自动包装机上完成成型、装填、封口等工序。

④结构变化多，通过排刀、模切压痕、折叠、粘合等工序较容易把纸板加工成所需要的各种形状的纸盒。

⑤便于销售和陈列，适用于各种印刷方法，并且具有良好的展示效果。

⑥使用无菌密封方法或进行冷冻保鲜包装，可使食品不受腐蚀，不变质。

(3)材料

①可选用 200 ～ 350g 的白纸板、灰纸板、特种纸板、铜版纸、牛皮纸及其他涂布纸板等耐折纸箱板。

②彩色瓦楞纸板一般使用楞数较密、楞高较低的 D 型或 E 型瓦楞纸板，俗称小瓦楞纸板。

2.3.2　固定纸盒

固定纸盒又称硬纸纸盒、厚纸纸盒，是使用贴面材料和基材纸板，根据一定盒型设计方案，进行压线、切片后，通过扁钉或粘贴裱合方式制成的纸盒，故也称为"粘贴纸盒"（图 2.15、图 2.16）。这种纸盒由于成型后其形状就固定了，即使在未装物品时，也不能折成平板状。因为浪费储运空间，致使自身成本、储运费用都比较高。

(1)特点

材料选择范围大，制作工艺可以粗糙，也可十分精细，既可以是成本较低的初级包装，又可是工艺精湛的礼品包装。

(2)优点

①可选用多种贴面材料，如纸、布、丝织品、皮革、塑料甚至毛纺织物等。

②在储存和运输的过程中都不变更它固有的形状和尺寸，所以，与折叠纸盒相比

图2.15　固定纸盒（1）

有较高的强度、刚性，抗冲击和对产品的保护性。

③因大部分工序采用手工操作，适合小批量生产。

④根据贴面纸的特性，可以采用烫印、击凸等表面处理工艺，因此，可以制作成各种精美的盒型，具有良好的展示、促销功能。

⑤适用面较广，全粘合纸板盒适合包装一些小而重的商品，既可以做运输包装，也可以做销售包装。

（3）材料

①基础材料：非耐折纸板，一般使用1～1.3mm的纸板。

②贴面材料：根据部位的不同有不同的选择。内衬常用白纸、塑料等；外部用铜版纸、蜡光纸、彩色纸、仿革纸、布和绢等。

图2.16　固定纸盒（2）

2.4 纸盒结构设计概述

包装设计专业和包装工程专业不一样，设计包装结构图对于学习包装设计专业的学生来说，并不是一件容易做到的事情，因为大家一般对于文字、色彩和图形较为熟悉，但是对于纸盒的基本尺寸要求，各种折叠线的分类和作用，以及纸盒各部位的名称都需要进一步学习，进而做好纸盒包装的结构设计工作。

不同种类和式样的纸盒包装，其差别在于结构形式、开口方式和封口方法。常见的单纸盒包装按照包装开启面与其他面的比例关系可进行分类，开启面较小的，称为管式包装盒；开启面较大的，称为盘式包装盒。这也是最常用的结构设计形式。

纸盒成型是一个从平面到立体的过程，包装的各围合面在同一个平面上按序展开，称为包装的展开图（包装盒刀模模切设计图）。为了进行包装的印刷与制作，我们会以展开图方式进行包装的平面设计。印前的展开图设计和制作，其电子文件通常要在尺寸、分辨率（印刷最低要求 300dpi）、色彩模式（CMYK 四色印刷）和文件格式（矢量格式，cdr 或者 ai）等方面达到印刷制版的要求，才可能取得合格的印刷效果。六面体包装平面展开图是最基本的包装结构图，可以毫不夸张地说，任何异形纸盒的基础均来自于六面体结构图。

2.4.1 纸盒的尺寸

纸盒的尺寸包括：成品尺寸和出血尺寸。

包装的成品尺寸是指经过模切后成型包装的净尺寸，主要是依据商品实际尺寸，完成全部设计生产过程，可供销售的商品包装的实际尺寸。

出血范围：印刷术语"出血位"又称"出穴位"，主要作用是包装印张在印后工序的裁切时不损失有效画面和信息，而在制版和印刷时，将画面各边的图形色彩进行扩展并超出成品尺寸 3～5mm。这扩展出来的 3～5mm 是出血范围，印前制作时用"出血线"进行标注（注意：一般情况下，书籍的设计的出血尺寸均设定为 3mm，包装设计的出血则要根据纸张的厚度，在 3mm 基础数值上适当增加）。出血范围和成品尺寸之和就是包装的出血尺寸。

设计方案时，为了直观观察包装各面的效果，我们通常采用成品尺寸作为包装展开图的设计尺寸，但要适当预见印前制作的需要；而在印前制作中，则一定要使用出血尺寸进行制作（图 2.17）。

2.4.2 管式折叠纸盒的结构

管式折叠纸盒是主要的折叠纸盒种类之一，在日常包装形态中最为常见，例如，食品、药品、玩具、日常用品等都采用这种包装结构方式。下面先来看一下管式折叠纸盒各部分结构名称（图 2.18）。

（1）定义

管式折叠纸盒是指由一张纸板折叠构成

（大都为单体结构），在纸盒成型过程中，其边缝接头通过粘合或钉合，而盒盖和盒底都需要通过摇翼折叠组装、锁或粘接来固定和封口的纸盒。

（2）结构特点

节省纸板，盒身侧面比较简单，结构变化多发生在盒盖和盒底的摇翼组装方式上。

纸盒基本形态为四边形，封口不同。根据基本结构可设计出许多别具一格的纸盒造型。

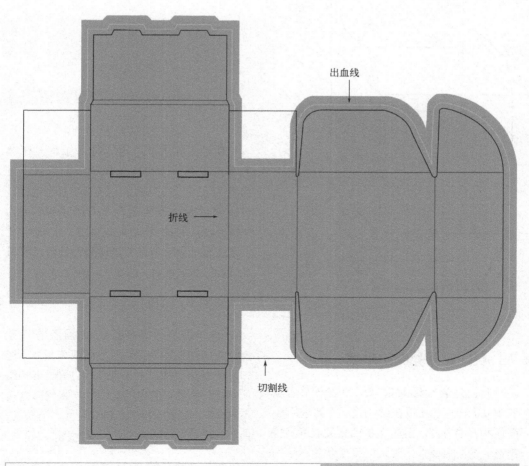

出血线

折线 →

切割线

图2.17 折线、切割线、出血线

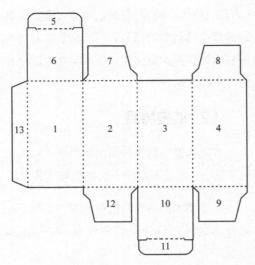

1—板1；2—板2；3—板3；4—板4；5—盖插舌；6—盖板；7—防尘翼1；
8—防尘翼2；9—防尘翼3；10—底板；11—底插舌；12—防尘翼4；13—糊头

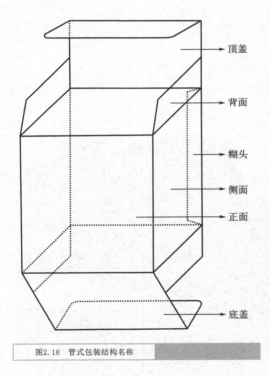

图2.18　管式包装结构名称

(3)盒盖的结构形式

　　盒盖是装入商品的入口，也是消费者拿取商品的出口，所以在结构设计上要求组装简便和开启方便，既能保护商品又能满足特定包装的开启要求。管式包装盒盒盖的结构主要有插入式、插卡式、锁口式、插锁式、

封口式等多种方式。

　　①插入式结构

　　●反向插入式：反向插入结构也称末端开口盒，是管式折叠纸盒的鼻祖，也是最原始的一种盒型，国际标准名称为"Reverse Tuck End"，简称 R.T.E，盒盖有一段 5mm 左右的肩，纸盒组成后此肩能产生摩擦效果，方便纸盒多次开合使用（图 2.19）。

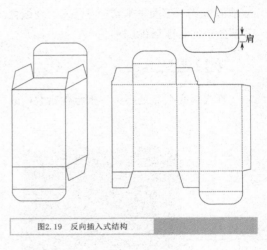

图2.19　反向插入式结构

　　●笔直插入式：笔直插入结构是在盒的端部设有一个主摇盖和两个副摇翼，主摇盖有延伸出的插舌，封盖时插入盒体，可以通过摩擦安全闭合。国际标准名称为"Straight Tuck End"，简称 S.T.E，非常适合在主展面展示商品，能做开窗处理，有直插式和飞机式两种（图 2.20、图 2.21）。

　　②插卡式结构

　　插卡式结构是在插入式摇盖的基础上，在主摇盖插入接头折痕的两端开一个槽口，使主摇盖插入后不能自动打开。卡扣结构（咬合关系）的作用是内装物装填后盒盖不易自开，同时又便于机械化包装。有隙孔、曲孔和槽口三种结构（图 2.22～图 2.24）。

　　插卡式盒盖的卡口结构如图 2.25 所示。

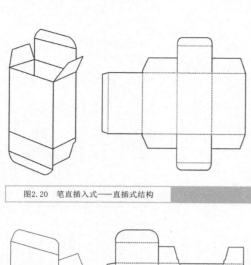

图2.20 笔直插入式——直插式结构

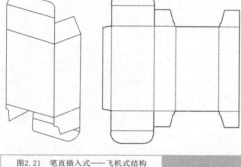

图2.21 笔直插入式——飞机式结构

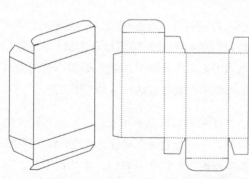

图2.22 隙孔插卡式结构

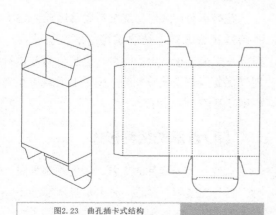

图2.23 曲孔插卡式结构

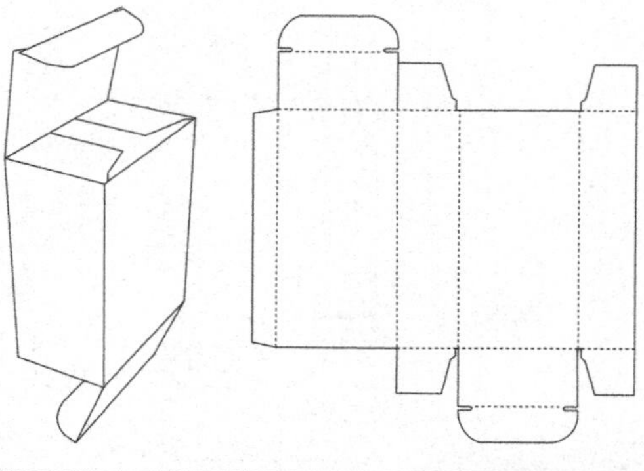

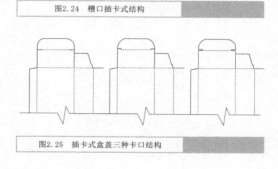

图2.24 槽口插卡式结构

图2.25 插卡式盒盖三种卡口结构

③锁口式

锁口式结构是在左右相对的两个副摇翼或正背相对的摇盖上分别设计有各种形式的插口和插舌，它们相互产生插接锁合，使封口不能自动打开，但组装与开启稍有些麻烦（图2.26）。

④插锁式

插锁结构是插入式和锁口式相结合的一种盒盖结构。如果同时在插入式盒盖的盖板与左右摇翼之间进行锁合设计，其保护性更好，牢固可靠，不易自开（图2.27）。

⑤封口式

封口式有粘合封口式、拉链封口式和正揿封口式、花型锁封口式等几种。

粘合封口式盒盖是将盒盖的主盖板与其余三块襟片粘合。这种粘合的方法密封性好，适合高速全自动包装机生产，开启方便，但不能重复开启（图2.28）。有两种粘合方式：双条涂胶和单条涂胶。

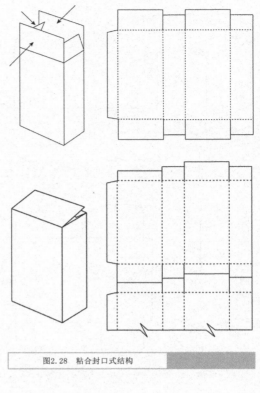

图2.28 粘合封口式结构

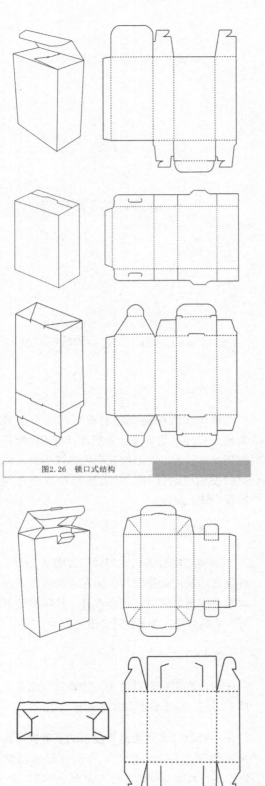

图2.26 锁口式结构

图2.27 插锁式结构

拉链封口式盒盖属于一次性防伪式。这种包装结构形式的特点是利用齿状裁切线，盒盖开启后不能恢复原状，确保不会出现有人再利用包装进行仿冒活动（图2.29）。

正揿封口式是利用纸张的耐折和韧性的特征，在纸盒盒体上进行折线或弧线的压痕，揿下盖板就可以实现封口。该结构组装、开启、使用都极为方便，节省纸张（图2.30）。

花型锁封口式也称连续摇翼窝进式。这种特殊锁合方式，是通过连续顺次折叠盒盖盖片组成造型优美的图案，包装结构方式造型优美，花型装饰性强，但手工组装和开启稍显麻烦（图2.31）。

（4）盒底的结构形式

盒底承受着商品的重量，因此强调牢固性。另外在装填商品时，无论是机器填装还是手工填装，结构简单和组装方便是基本的要求。管式纸盒包装的盒底主要有插口封底式、别插锁扣式和自动锁合式三种。

①插口封底式盒底

插口封底式盒底是插入式盒底、插卡式盒底、插锁式盒底的统称。

②别插锁扣式盒底

别插锁扣底结构的英文名称"Snap-Lock Bottom"，一般通称其为"1.2.3底"，意思是该盒底的锁合分1、2、3步。易于存储，顶部装载，底部分别设计有插口和插舌，需要手动将插舌插入相应的插口，是非常适合放在货架或柜台上的展示盒。适于大批量生产，是最经济的一种形式。摇翼间能产生摩擦效果使之更安全地闭合（图2.32）。

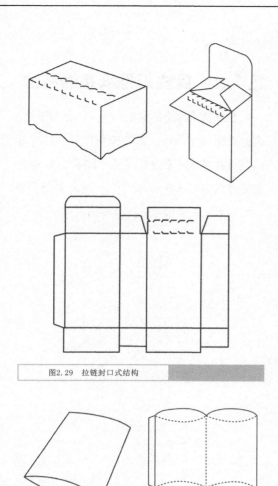

图2.29 拉链封口式结构

图2.30 正撅封口式结构

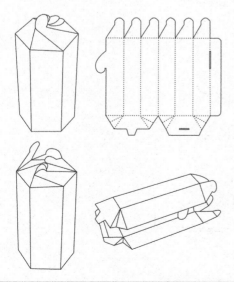

图2.31 花型锁封口式结构

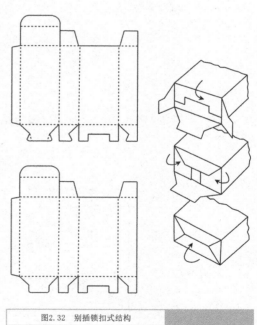

图2.32 别插锁扣式结构

③自动锁合式盒底

自动锁合底，英文名称"Auto-Lock Bottom"，将底部设计成互相折插咬合的结构进行锁底。这种结构坚固，易于组装，可平放，打开包装后，底部会自动锁定成封合状态，底部需要胶合，可容纳较重的物品。

摇翼间能产生摩擦效果使之更安全地闭合（图 2.33）。

④间壁式盒底

间壁式结构是将盒底的四个摇翼设计成具有间壁功能的结构，组装后在盒体内部会形成间壁，从而有效地分隔固定商品，起到良好的保护作用。其间壁与盒身为一体，可有效节省成本，而且这种包装盒结构抗压强度较高（图 2.34）。

2.4.3 盘式折叠纸盒的结构

盘式折叠纸盒的盒底承受着商品的重量，因此更强调牢固性。另外在装填商品时，无论是机器填装还是手工填装，结构简单和组装方便都是基本的要求。下面先来看一下图 2.35 中盘式折叠纸盒各部分结构名称。

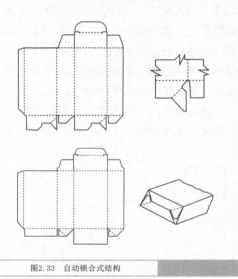

图2.33 自动锁合式结构

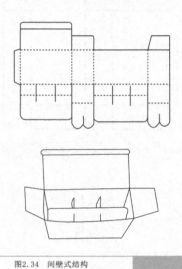

图2.34 间壁式结构

1	2	3
4	5	6
7	8	9
10	11	12	13	14
15	16	17

1—插舌；
2—前体板盖面；
3—插舌；
4—防尘襟片1；
5—顶面；
6—防尘襟片2；
7—粘合襟片1；
8—后体板；
9—粘合襟片2；
10—防尘襟片3；
11—侧体板1；
12—盒底；
13—侧体板2；
14—防尘襟片4；
15—粘合襟片3；
16—前体板；
17—粘合襟片4

图2.35 盘式包装结构名称

（1）定义

盘式折叠纸盒是指盒底和盒盖所在的侧板是盒体各个侧板中面积最大的侧板，因此，开启后观察内装物的可视面积也大。主要由盒底、主侧板和副翼、盖等组成。

（2）特点

盒形由一页纸板成型，周边主侧板以直角或斜角折叠，或在角隅处进行锁合、插接、粘合而成型的纸盒结构。其立面高度要小于纸盒的长宽，而盒底负载面积较大，通常没有结构变化，主要结构变化在盒体位置。一般的盘式纸盒成型后可随时还原为平面展开结构。纸盒用于鞋帽、服装、食品和礼品等商品的包装。以天地盖形式出现较多，又称天地盖盒。

（3）成型方法

盘式折叠纸盒是依靠各种结构将各个纸板通过一定的组构形式连接组合完成的，其主要使用成型方式有：对折成型、别插成型、锁合成型、粘合成型等。

①对折成型。可辅以锁合或粘合，成型方式有：盒端对折组装、非粘合式蹼角（同时连接端板与侧板的襟片）与盒端对折组装、侧板与侧内板粘合。

②别插成型。没有粘接和锁合，使用简便，是盘式折叠纸盒中应用较多的结构类型。

③锁合成型。通过锁合使结构更加牢固。因锁口位置的不同，锁合襟片结构的切口、插入与连接方式也不相同，主要成型方式有：侧板与端板锁合、侧板与锁合襟片锁合（侧板襟片）、锁合襟片与锁合襟片锁合、两盖板中央切口互相锁合、底板与侧边板襟片锁合、内侧板与内端板锁合、盖板插入襟片与前板锁合。

④粘合成型。通过局部的预粘，使组装

更为简便。主要成型方式有：蹼角粘合，盒角不切断形成蹼角连接，采用平分角将连接侧板和端板的蹼角分为全等两部分予以粘合；襟片粘合，侧板（前、后板）襟片与端板粘合，端板襟片与侧板（前、后板）粘合；内外板粘合，即侧内板与侧板粘合。

（4）结构形式

①罩盖式

罩盖式又名天地盖式，是由盒盖和盒体两个独立的盘型结构相互罩盖而组成，为敞开式结构，盒盖要比盒体的外尺寸大一些，以保证盒盖能顺利地罩盖在盒体上。其有三种典型的罩盖盒结构（图2.36）。

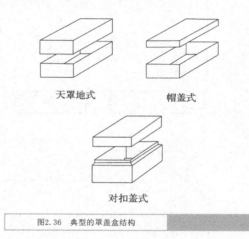

天罩地式　帽盖式　对扣盖式

图2.36 典型的罩盖盒结构

●天罩地式。盒盖较深，其高度基本等于盒体高度，封盖后盒盖几乎把盒体全部罩起来，如糕点盒等。

●帽盖式。盒盖较浅，高度小于盒体高度，一般只罩住盒体上口部位，如鞋盒等。

●对扣盖式。盒体口缘带有止口，盒盖在止口处与盒体对口，外表面齐平，盒全高等于盒体止口高度与盒盖高度之和，如礼品盒等。

②摇盖式

在纸盒侧板基础上延伸其中一边而成的

绞链式摇盖，盒盖长、宽尺寸大于盒体，高度尺寸小于或等于盒体，其结构特征较类似于管式纸盒的摇盖（插入摇盖、插锁摇盖），分单摇盖和双摇盖两种（图2.37）。

③锁口式

类似锁底式管式折叠纸盒的盒底结构，设计方法也一样。

④连续插别式

插别方式较类似于管式纸盒的连续摇翼窝进式盒盖。

⑤抽屉式

盒盖为管式成型，盒体为盘式成型，由这两个独立部分组成，因其有抽拉抽屉的感受，故而得名（图2.38）。

⑥书本式

开启方式类似于精装图书，摇盖通常没有插接咬合，而通过附件来固定。也因其有翻阅书籍的感受，故而得名（图2.39）。

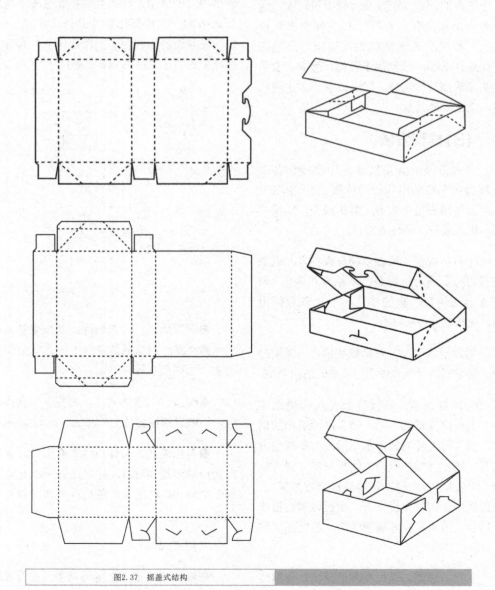

图2.37 摇盖式结构

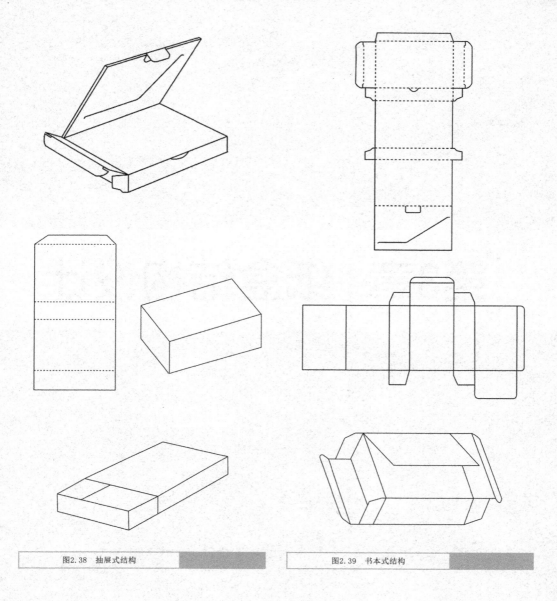

图2.38 抽屉式结构

图2.39 书本式结构

第3章 | 纸盒结构设计

3.1 插入式结构设计

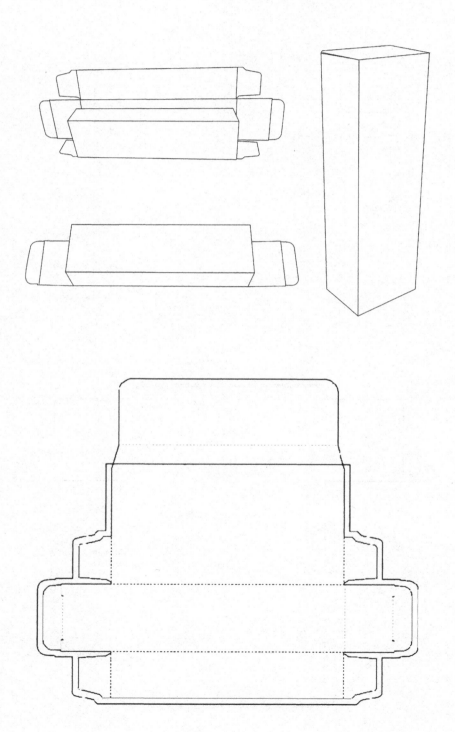

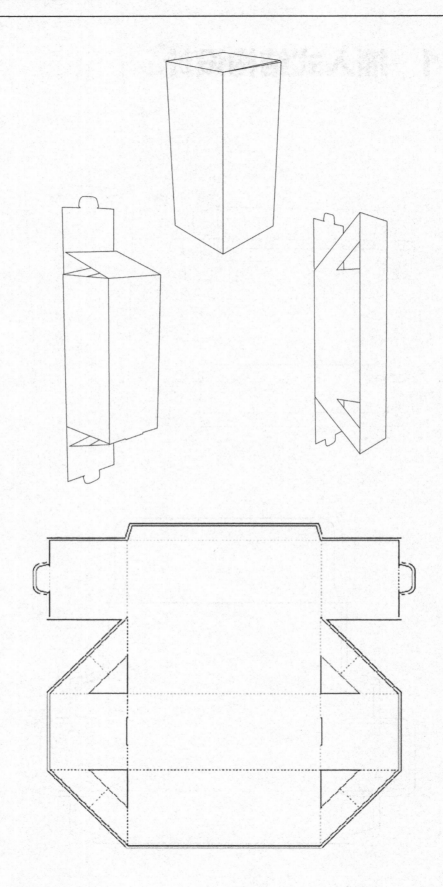

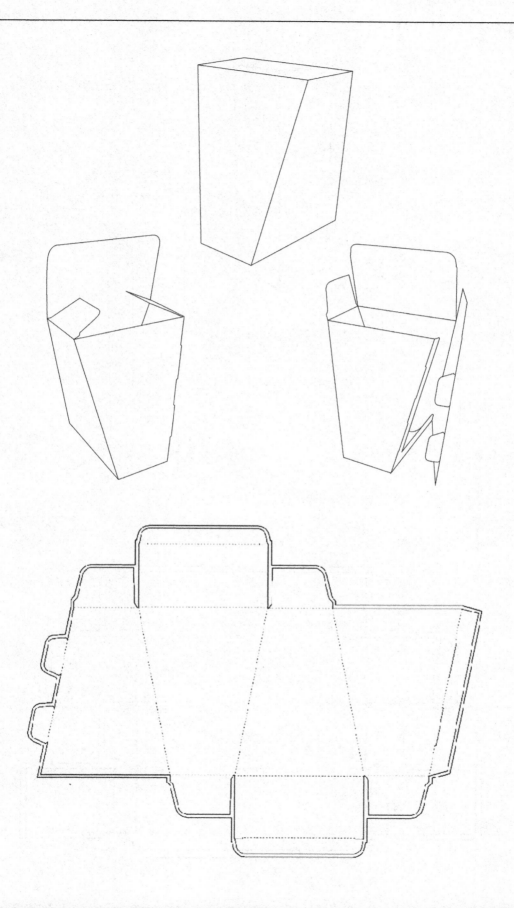

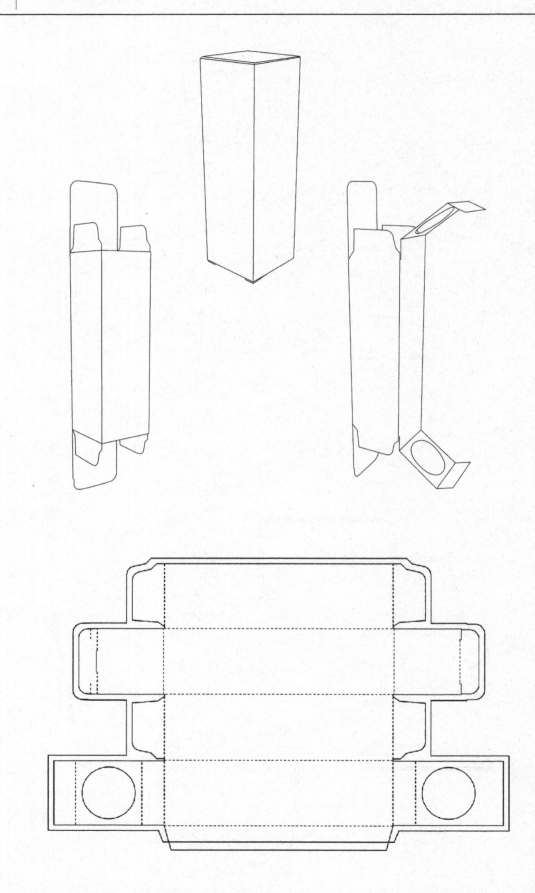

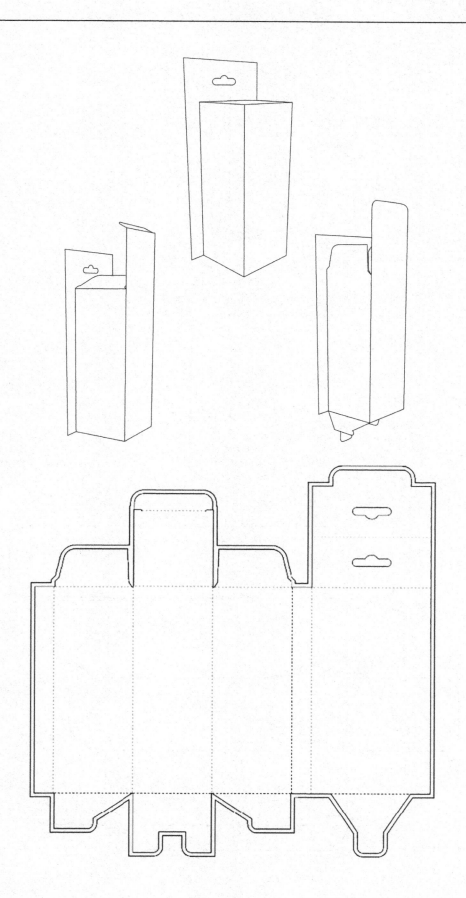

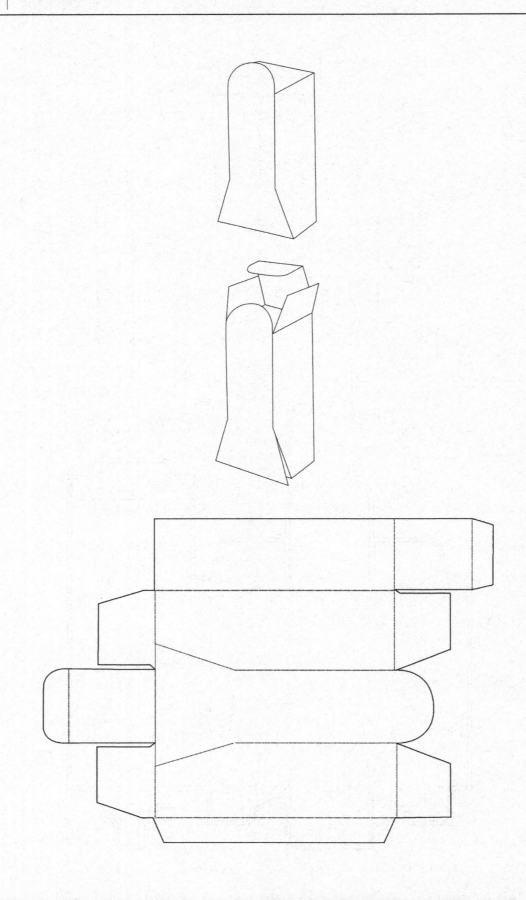

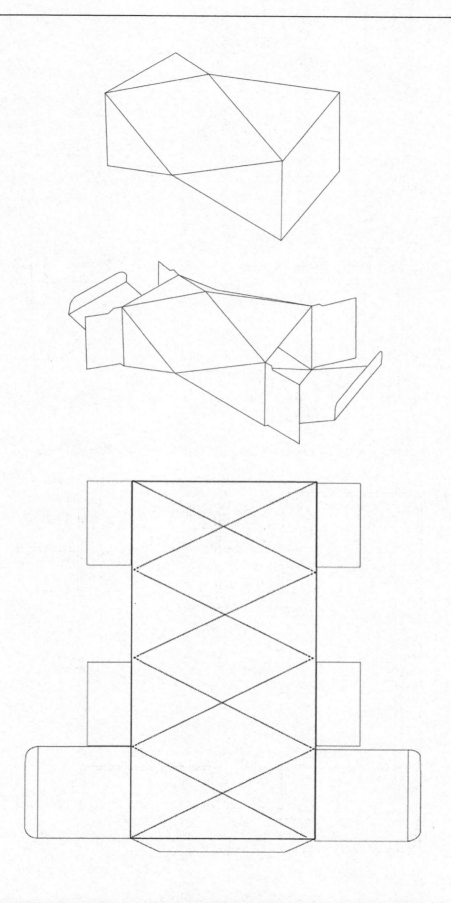

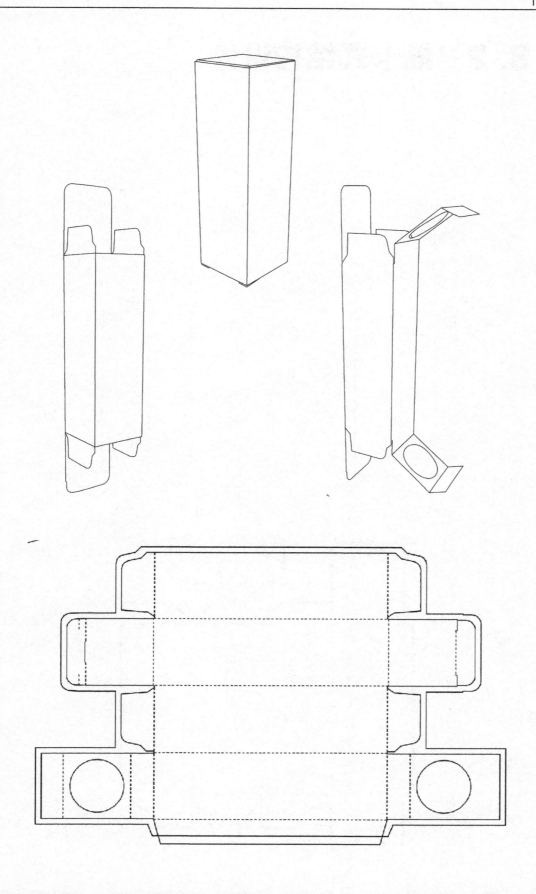

3.2 插卡式结构设计

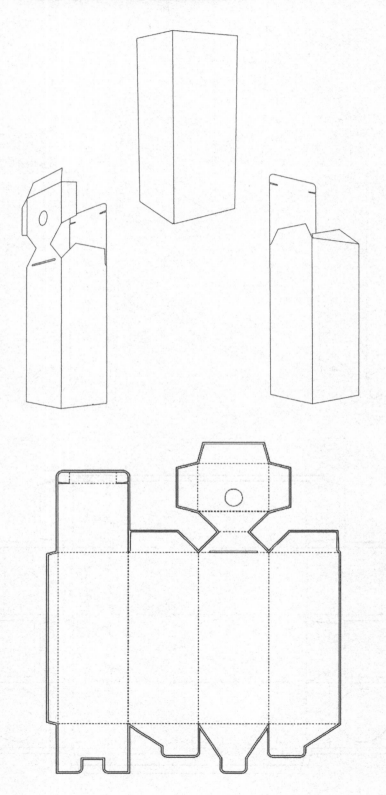

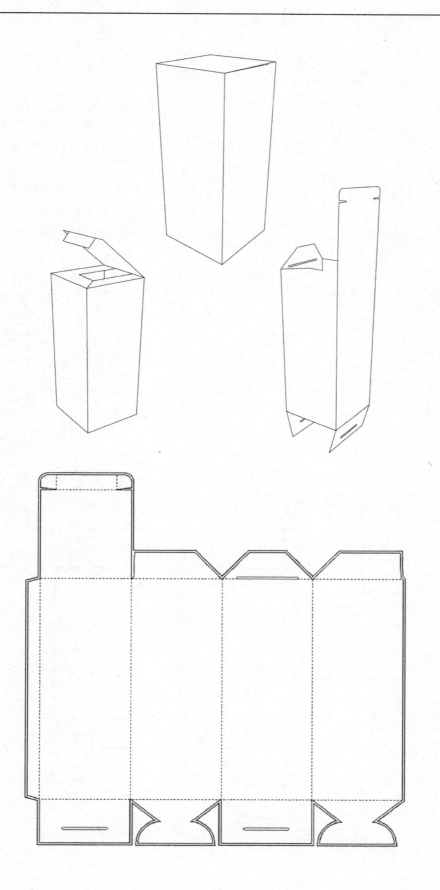

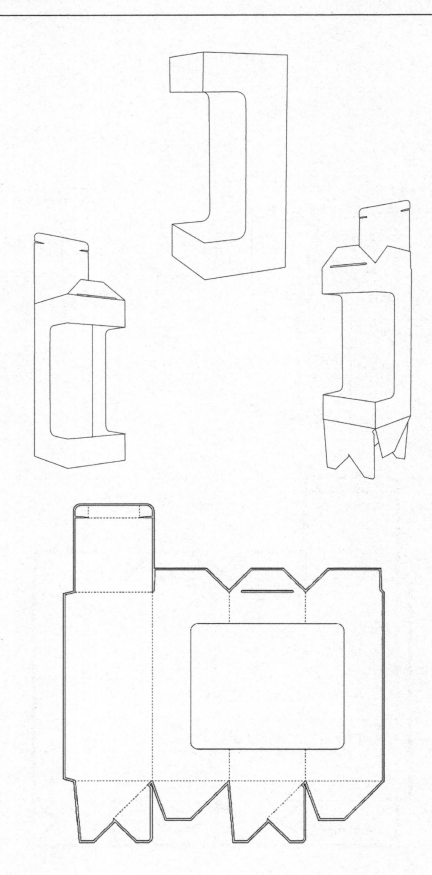

3.3 插锁式结构设计

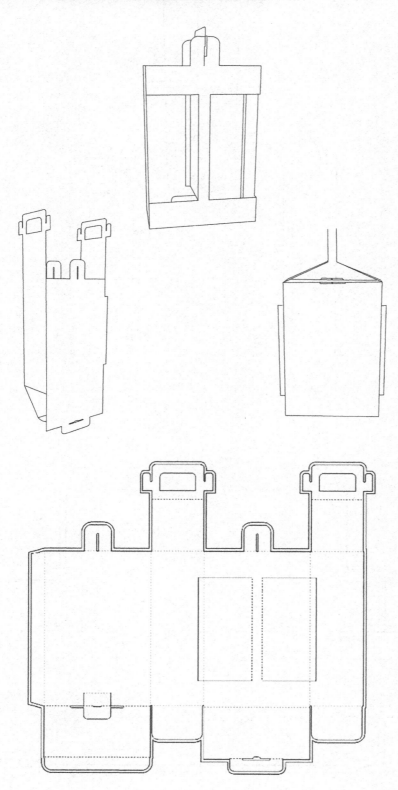

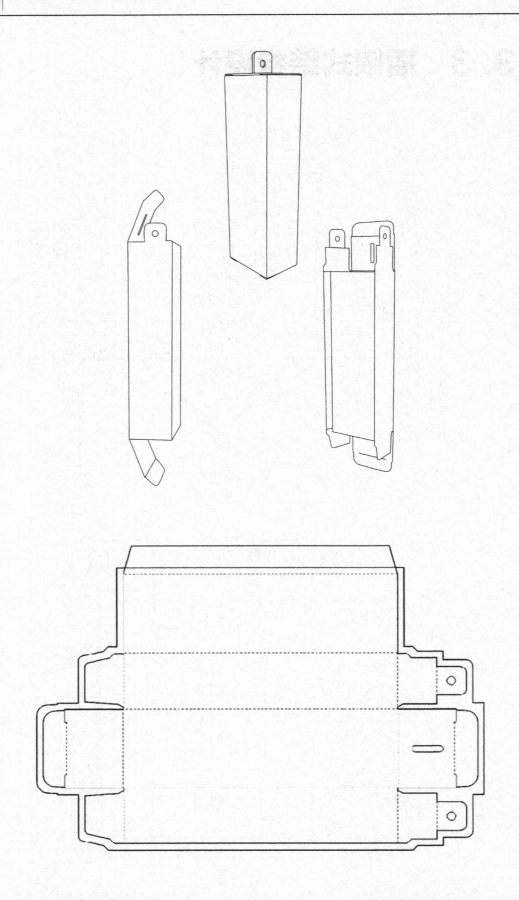

3.4　正揿封口式结构设计

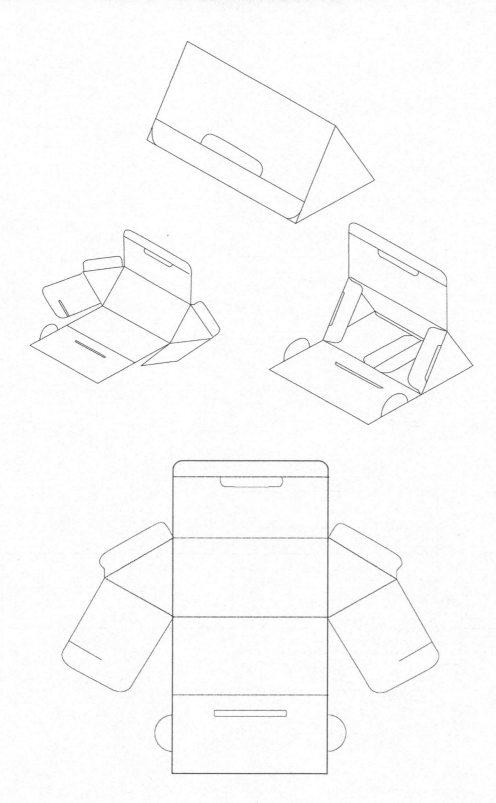

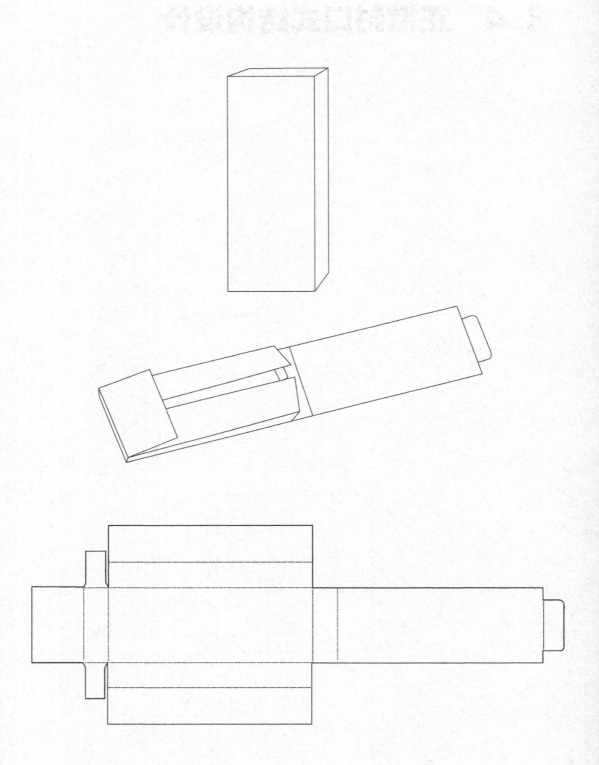

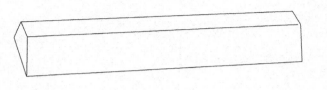

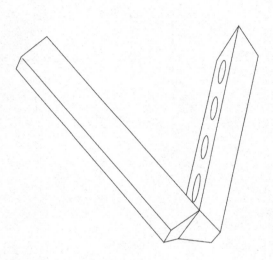

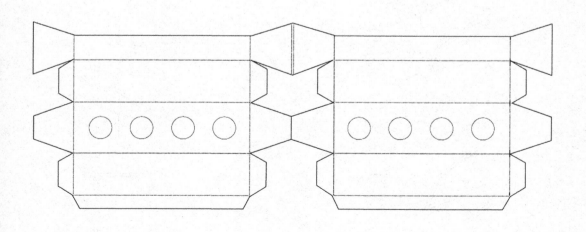

3.5 花型锁封口式结构设计

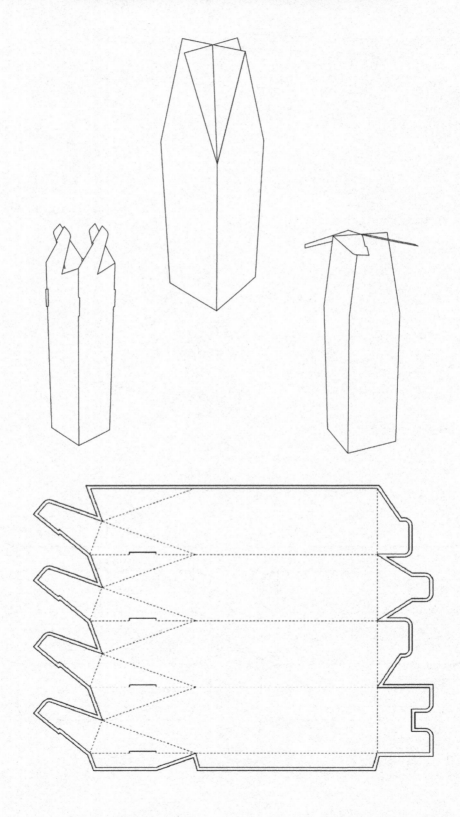

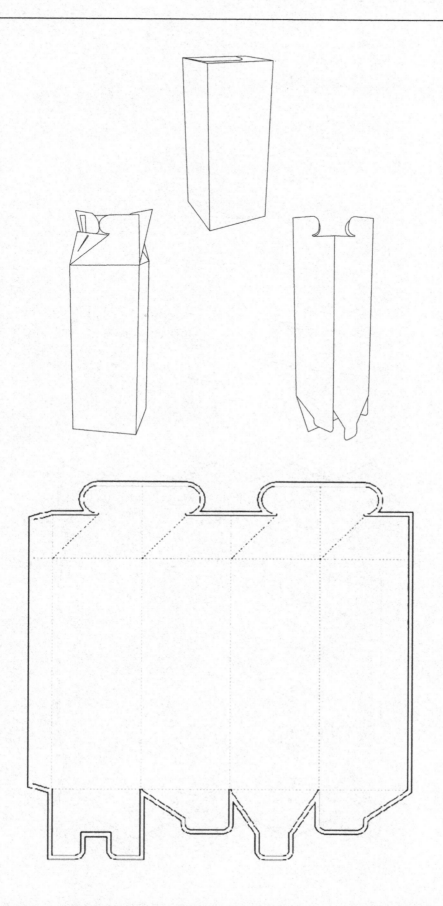

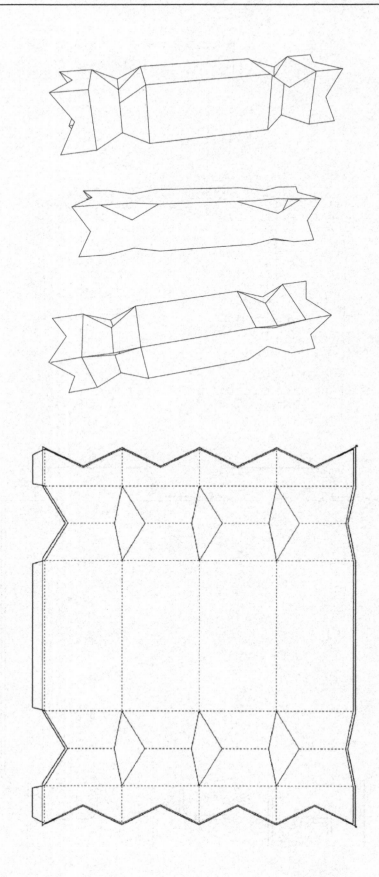

3.6　罩盖式结构设计

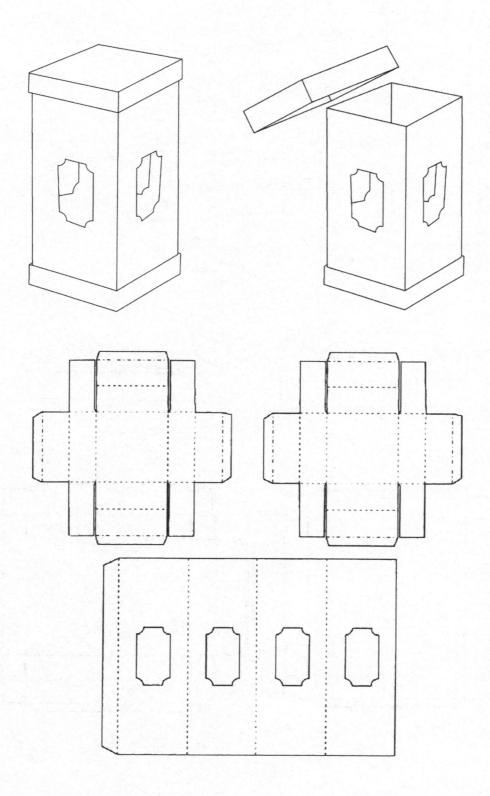

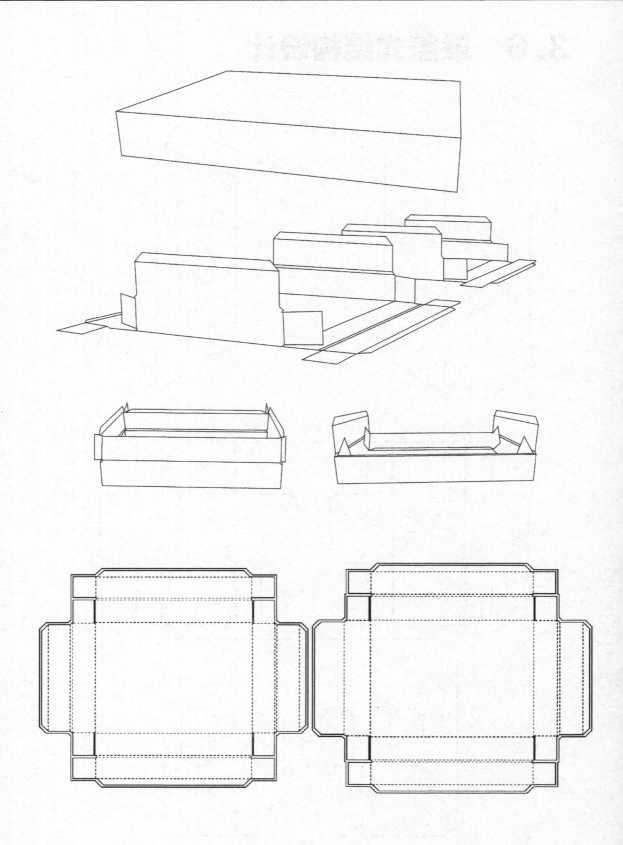

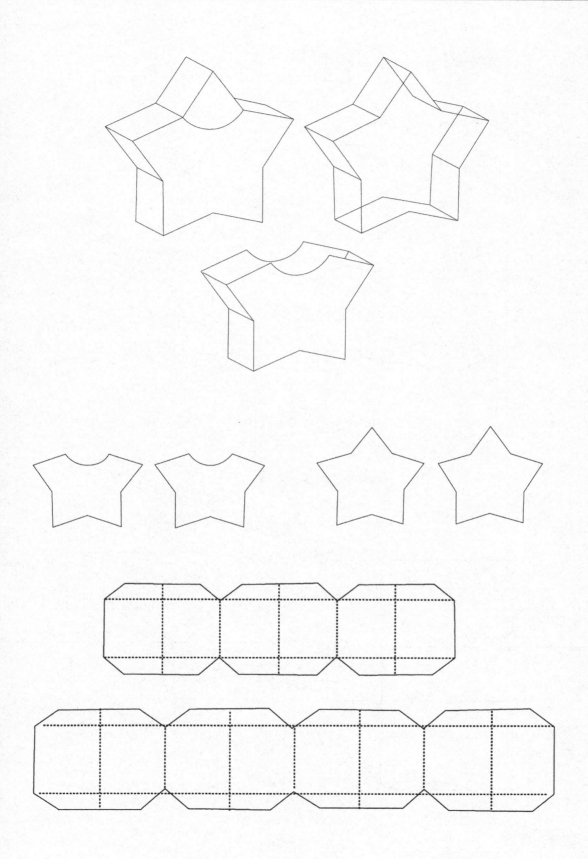

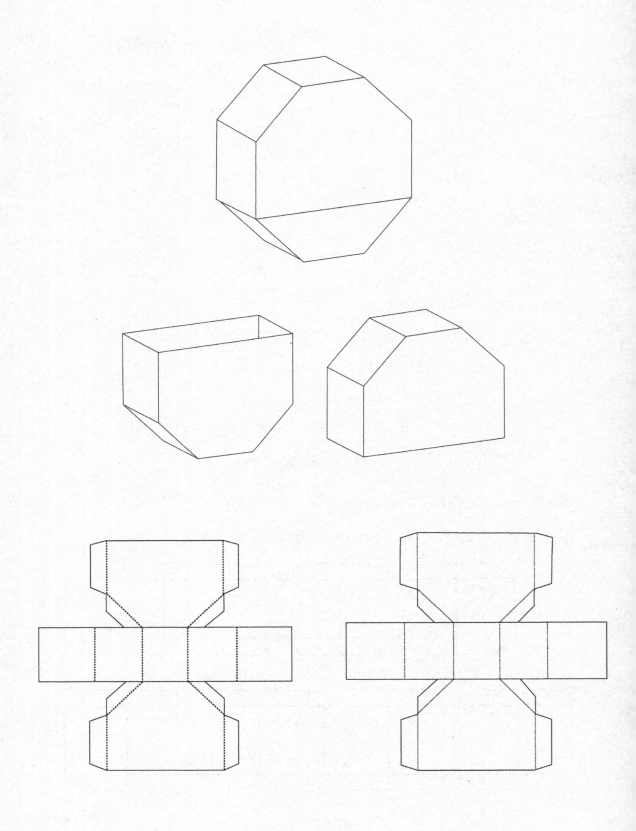

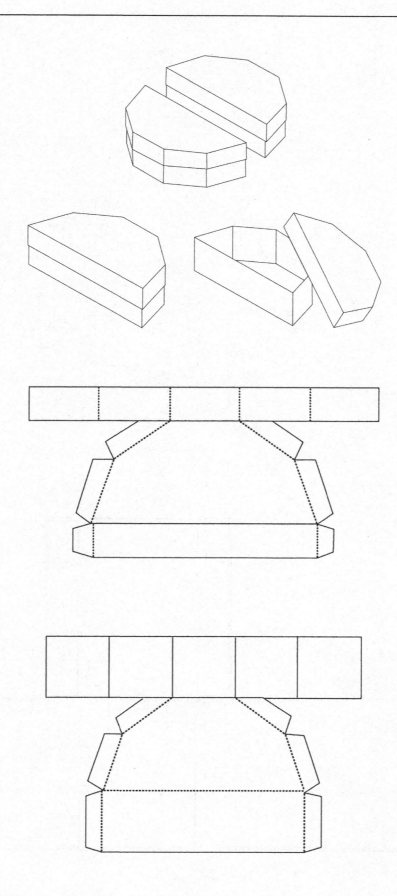

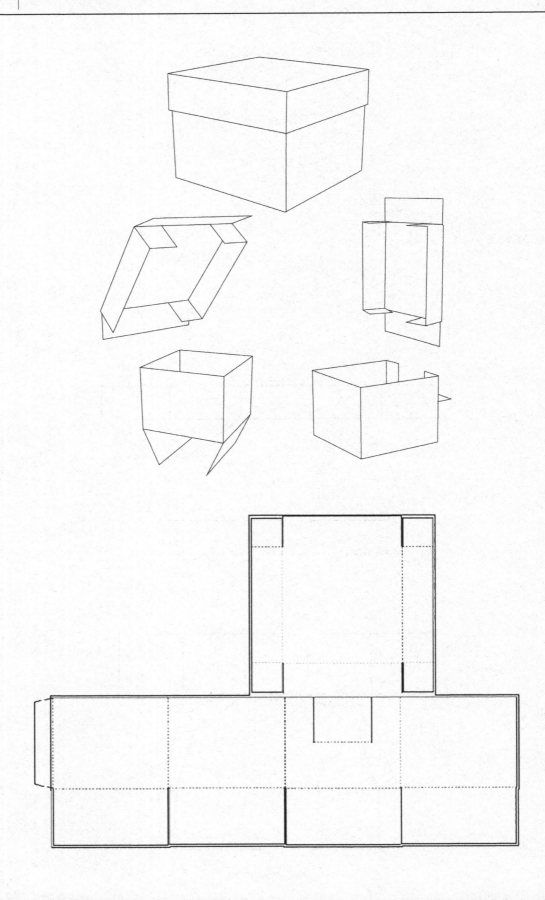

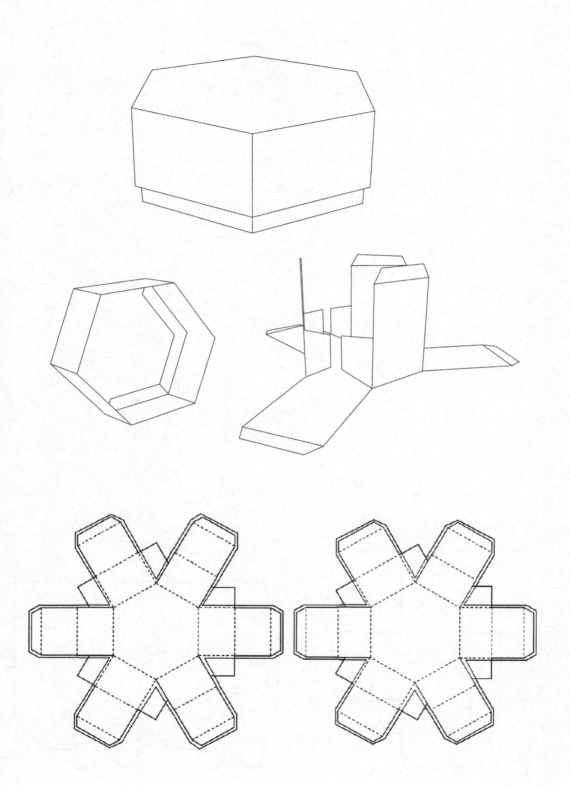

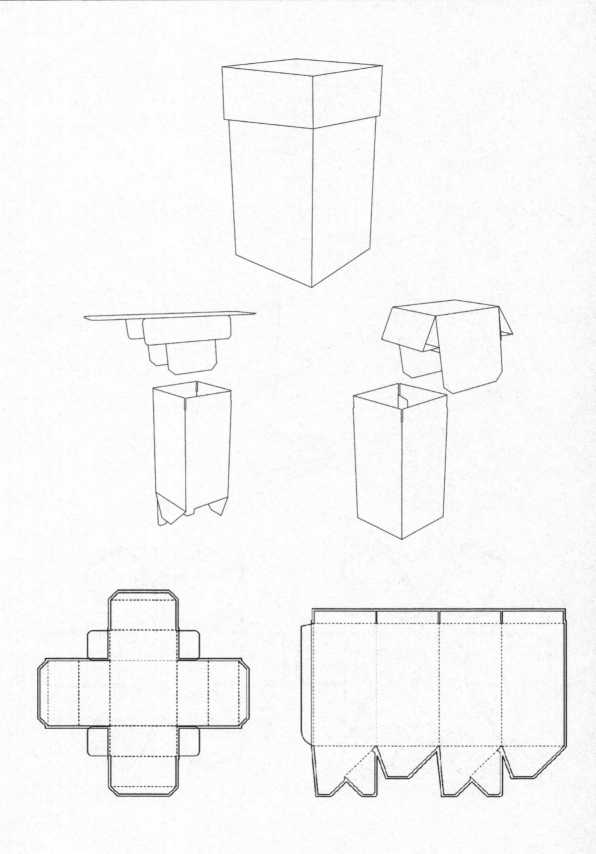

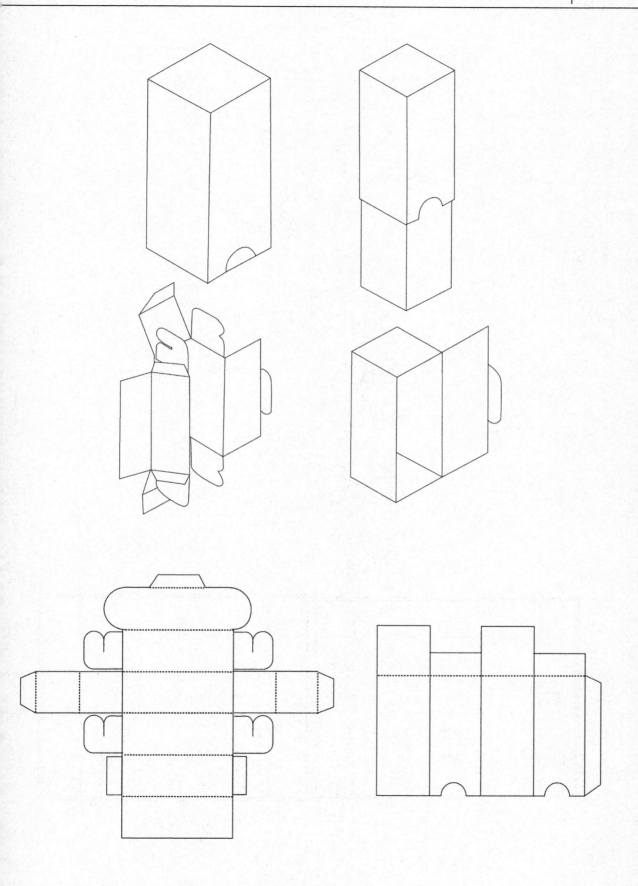

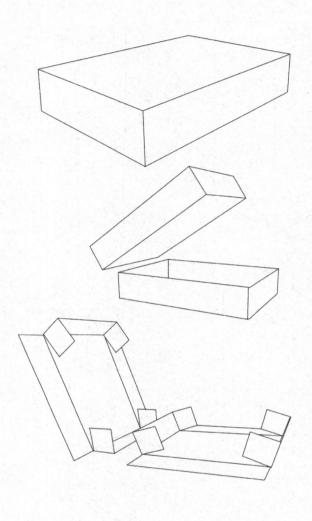

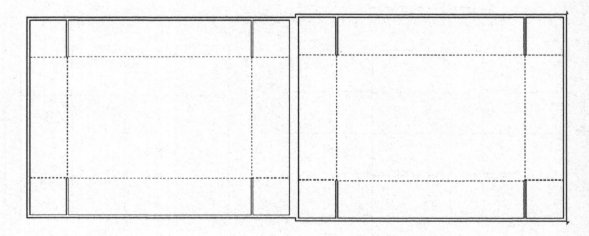

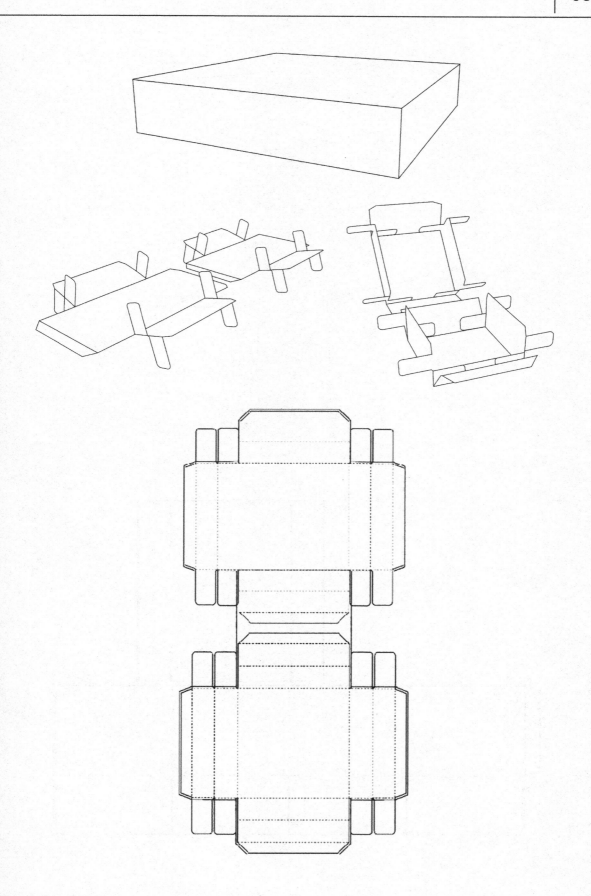

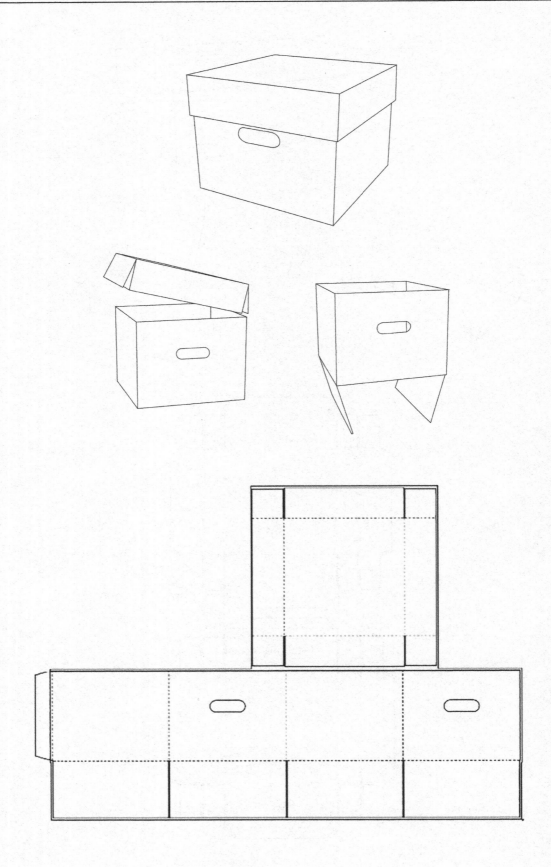

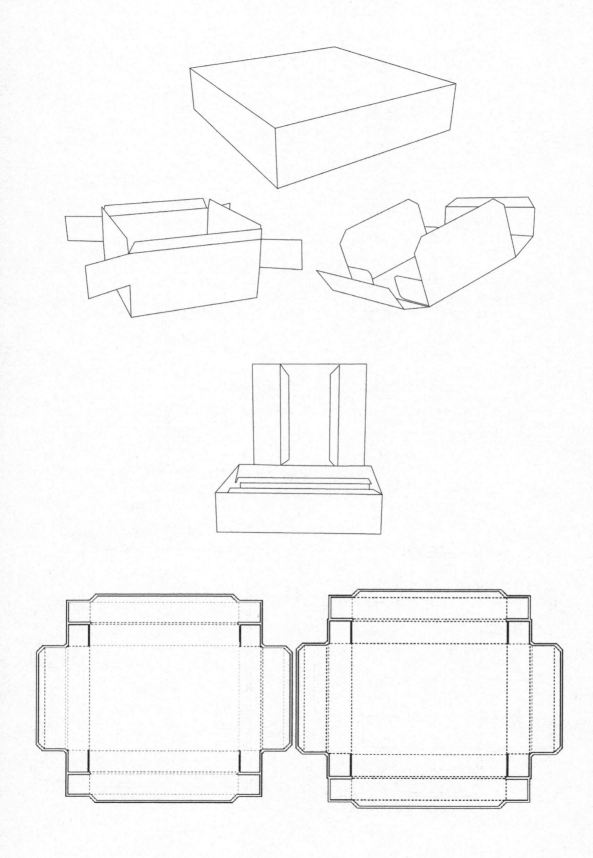

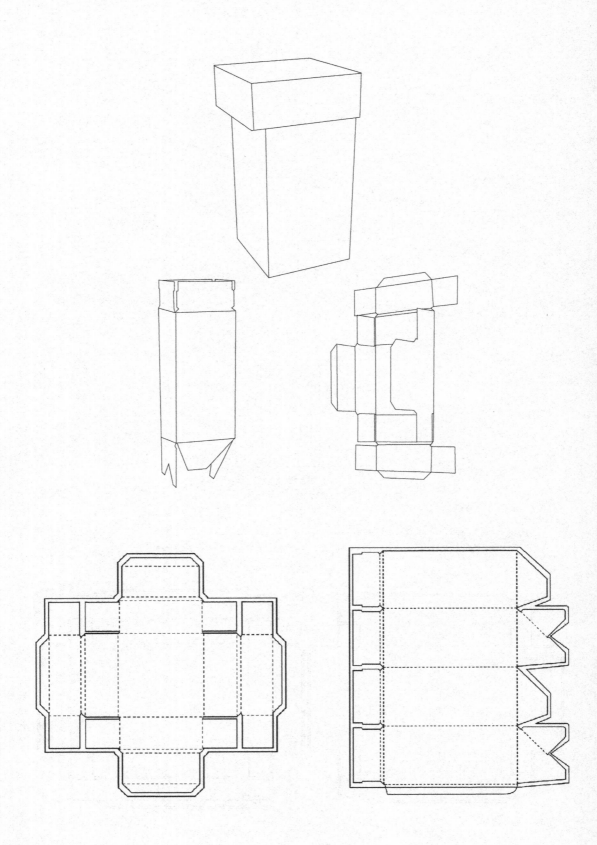

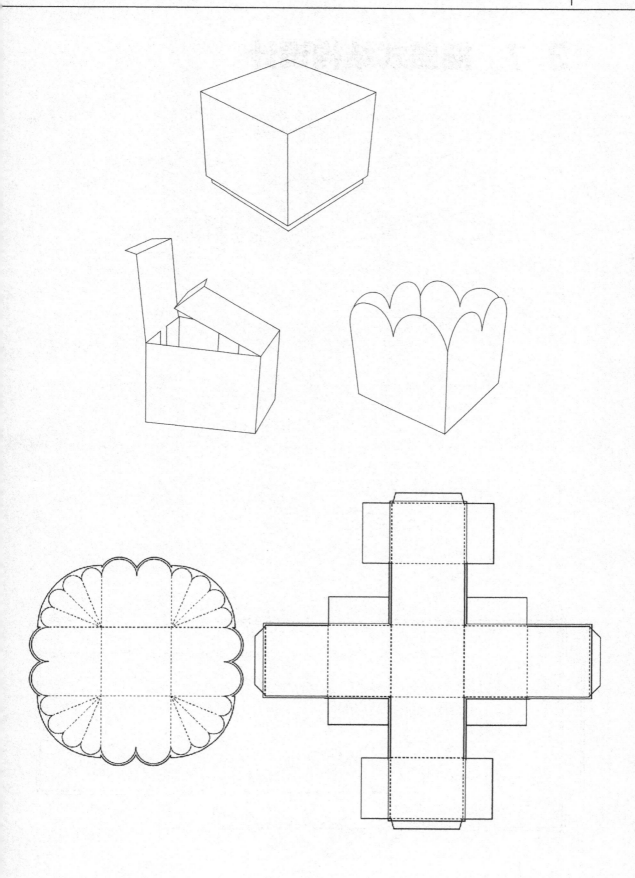

3.7   摇盖式结构设计

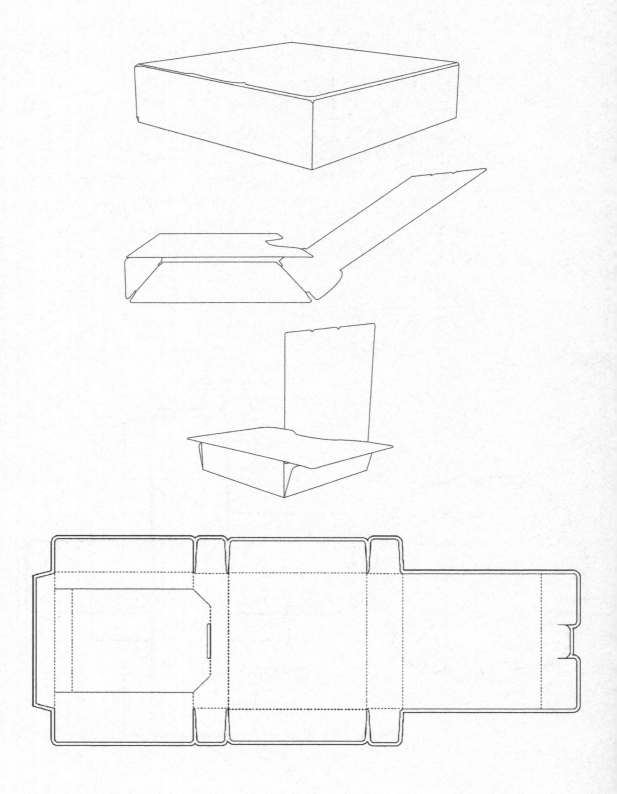

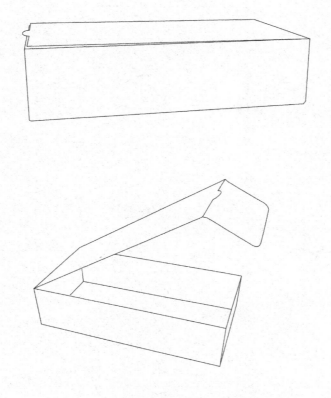

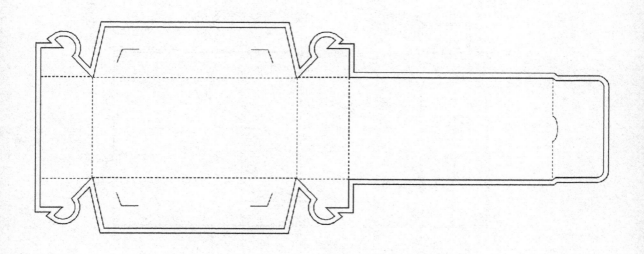

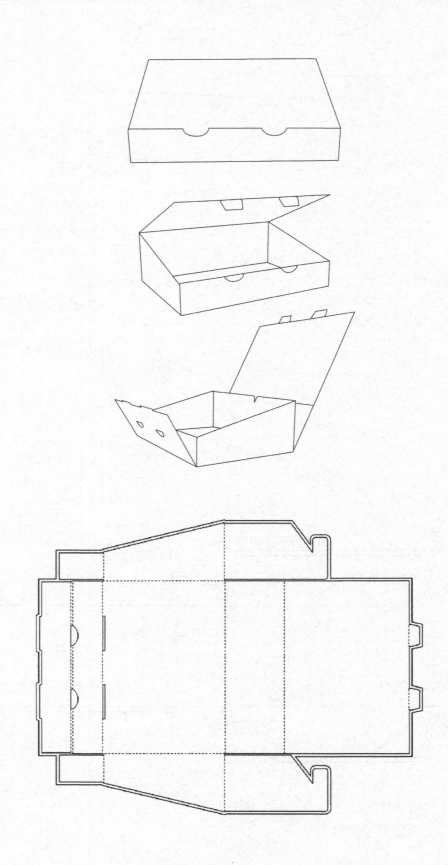

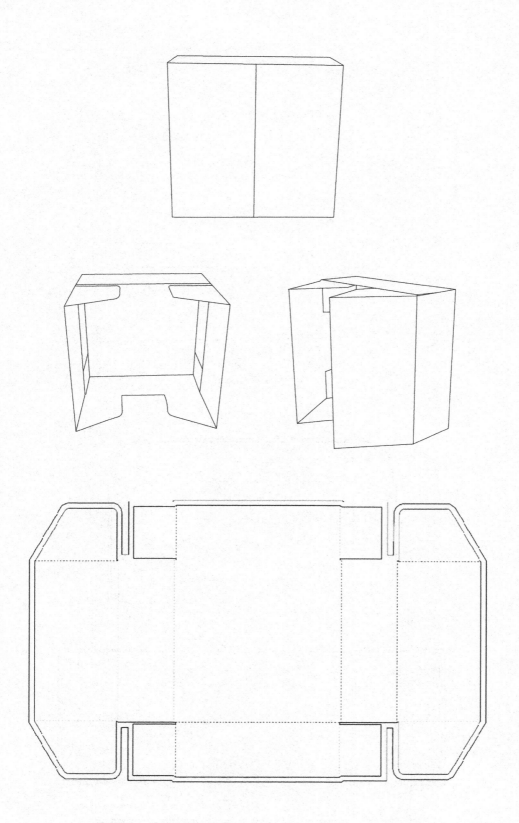

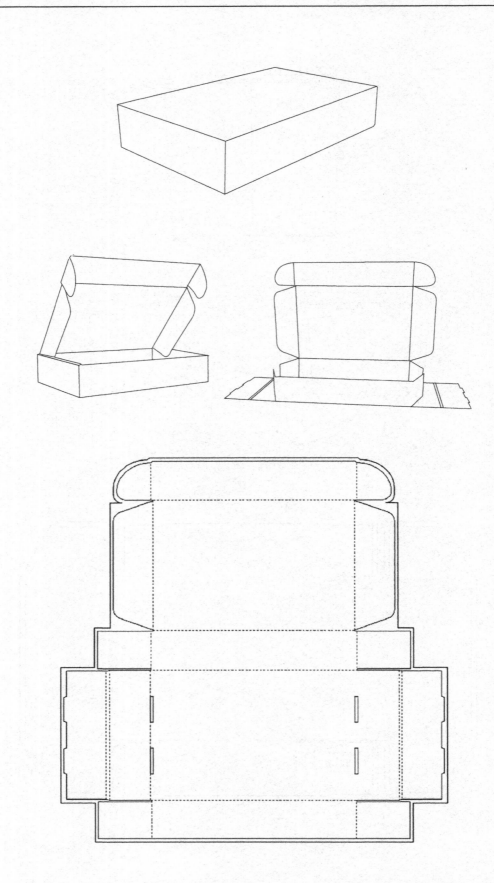

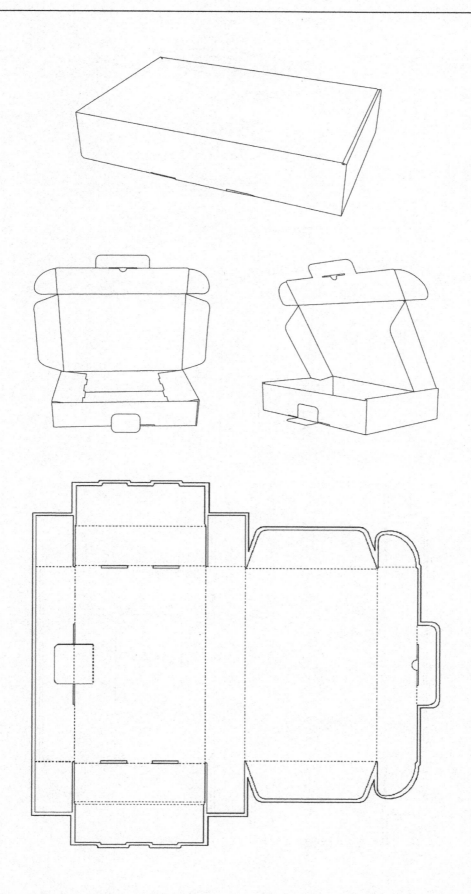

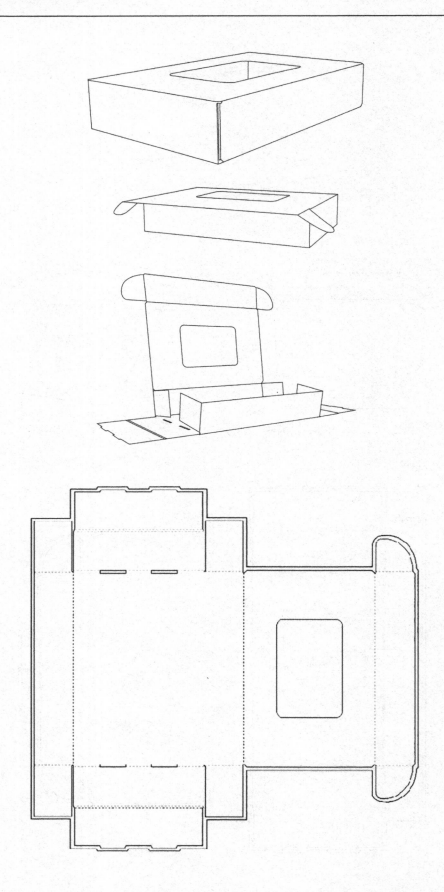

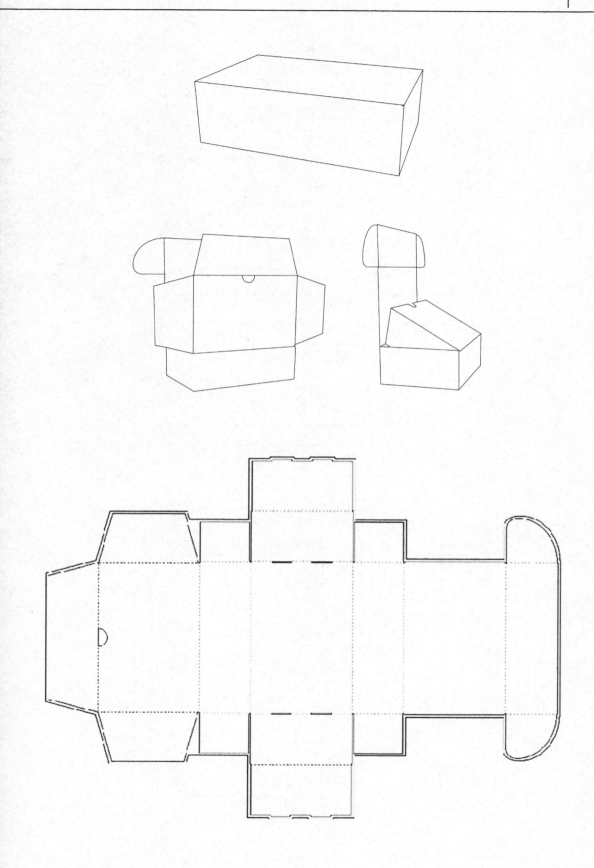

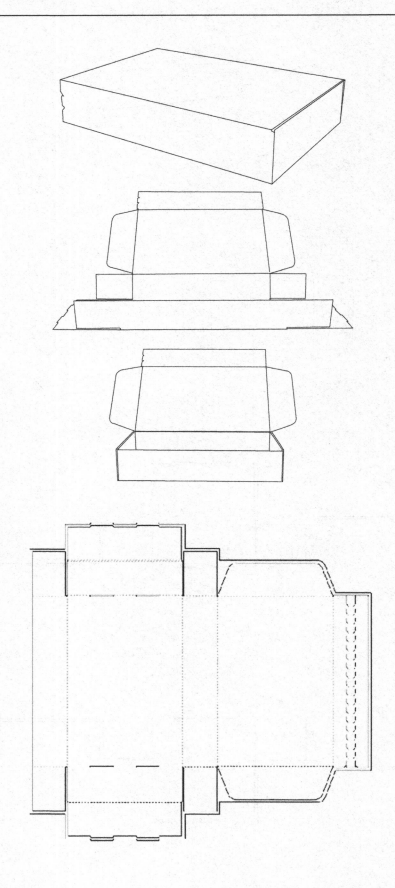

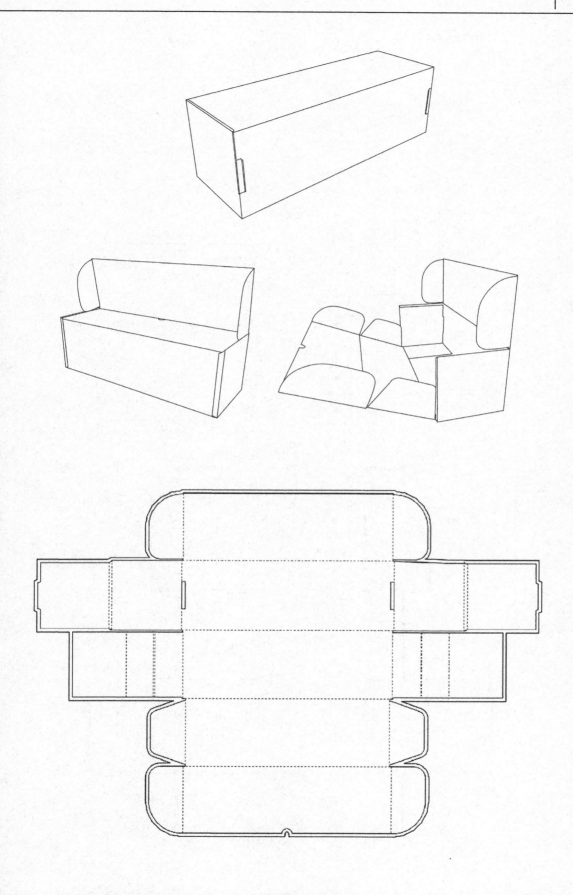

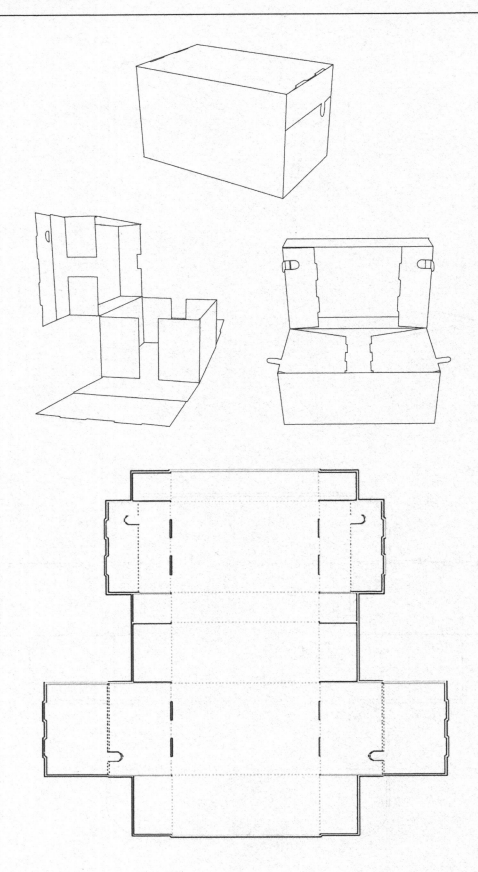

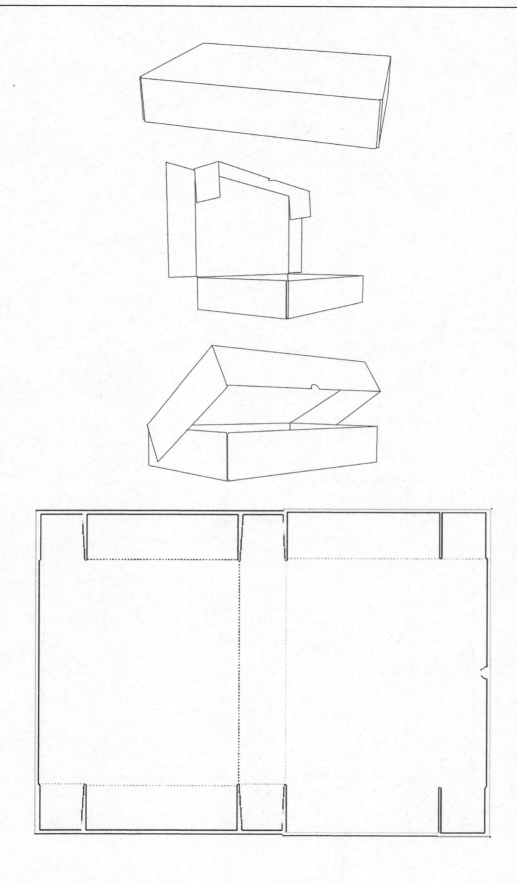

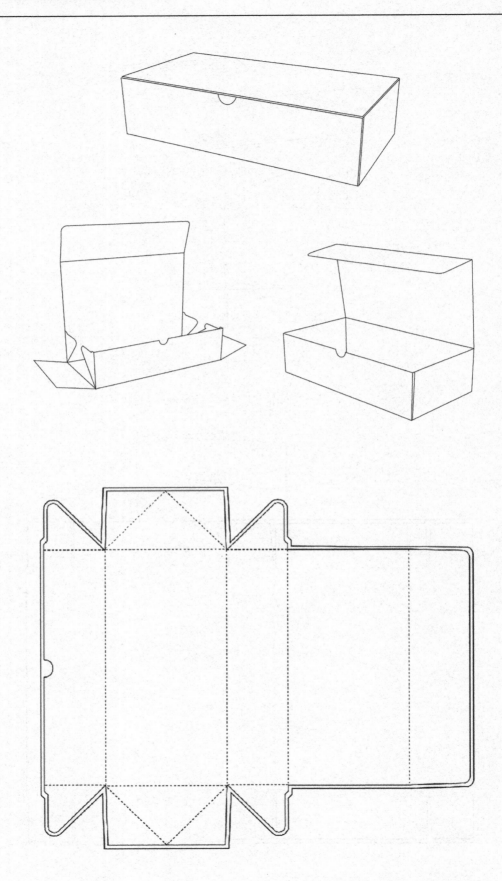

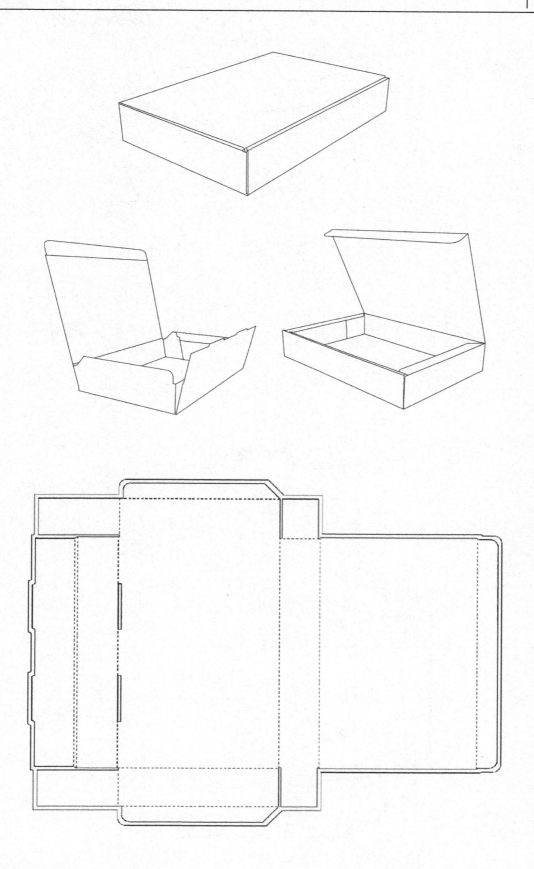

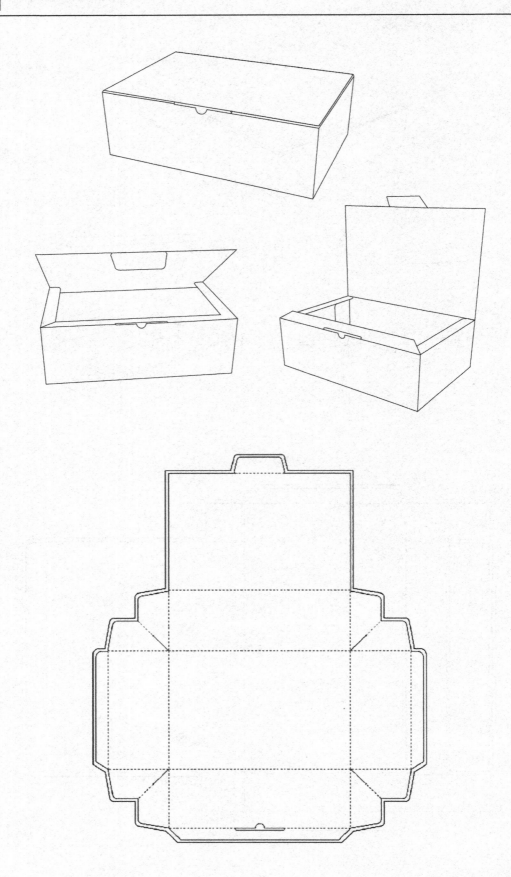

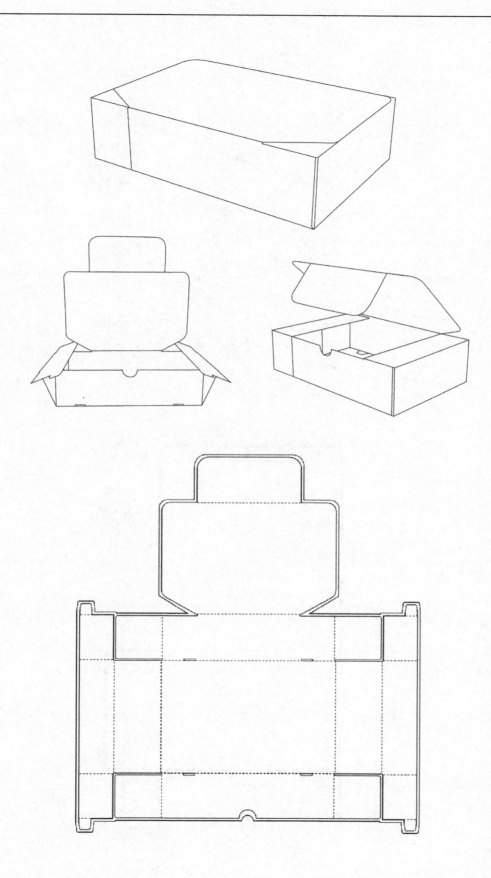

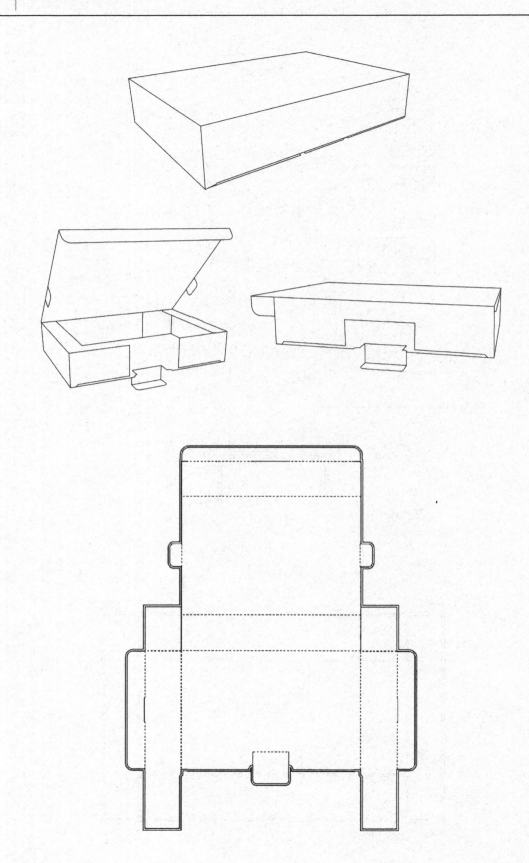

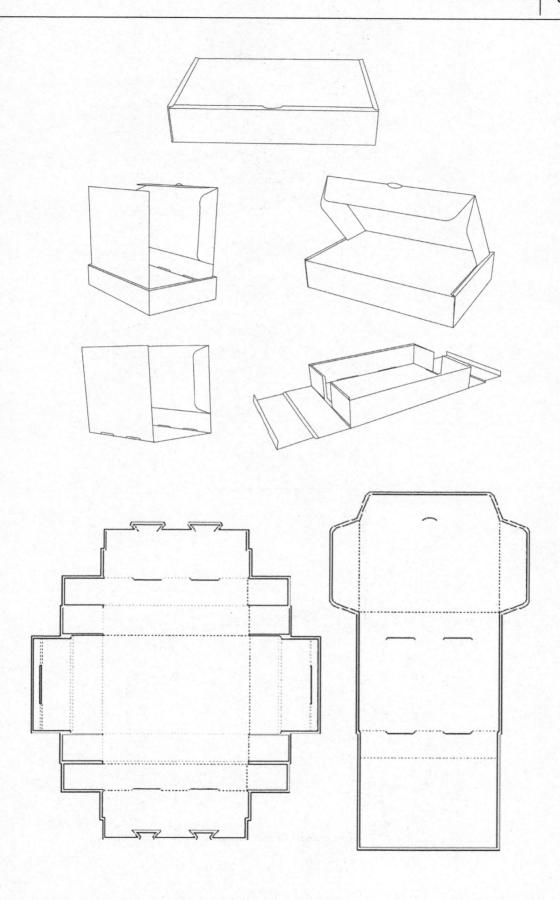

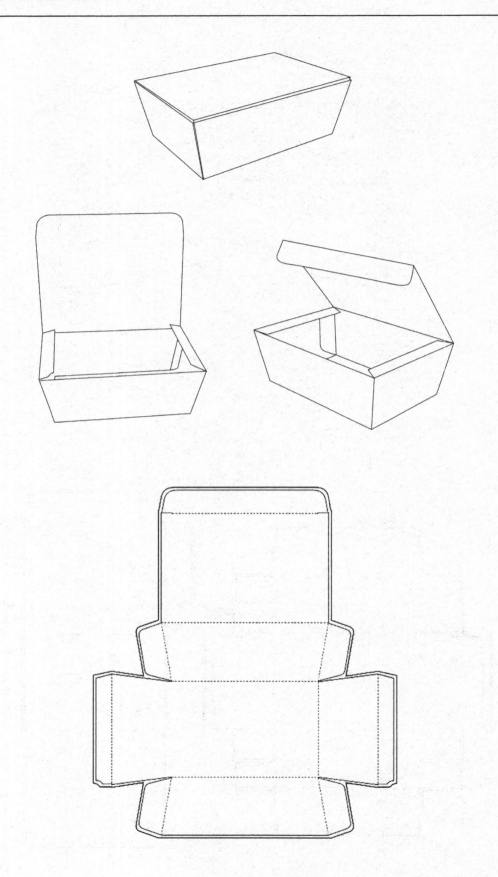

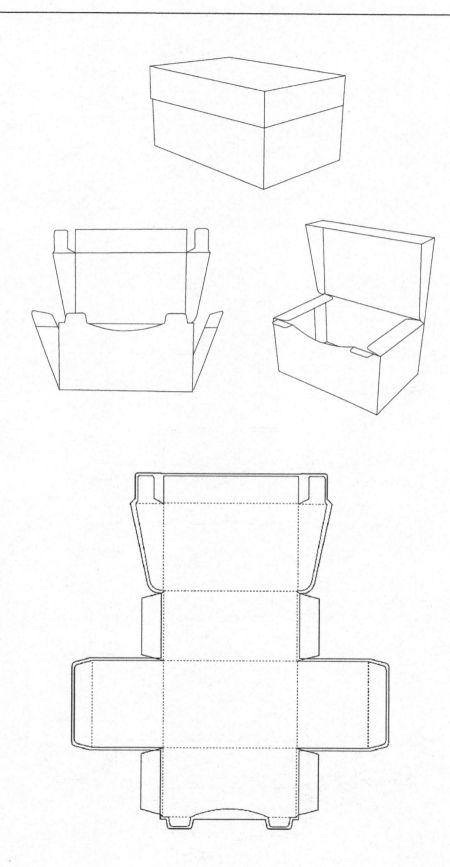

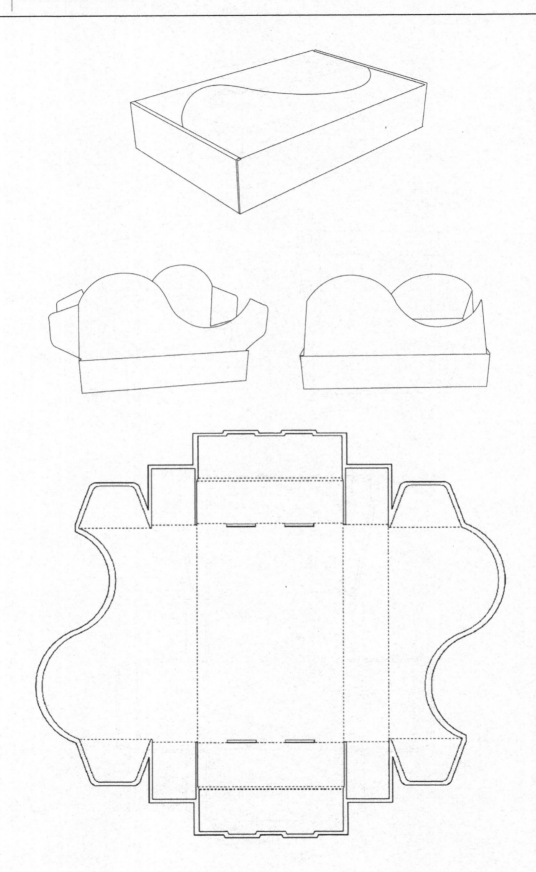

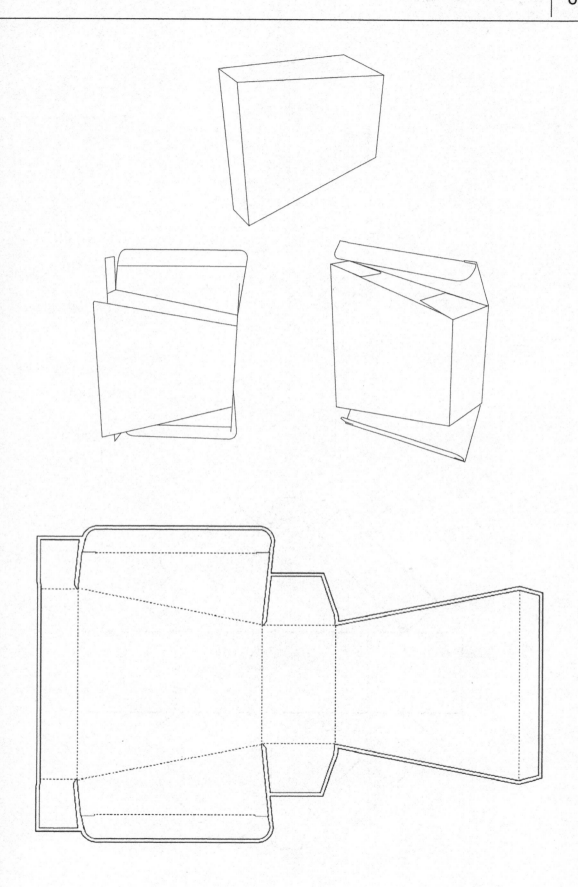

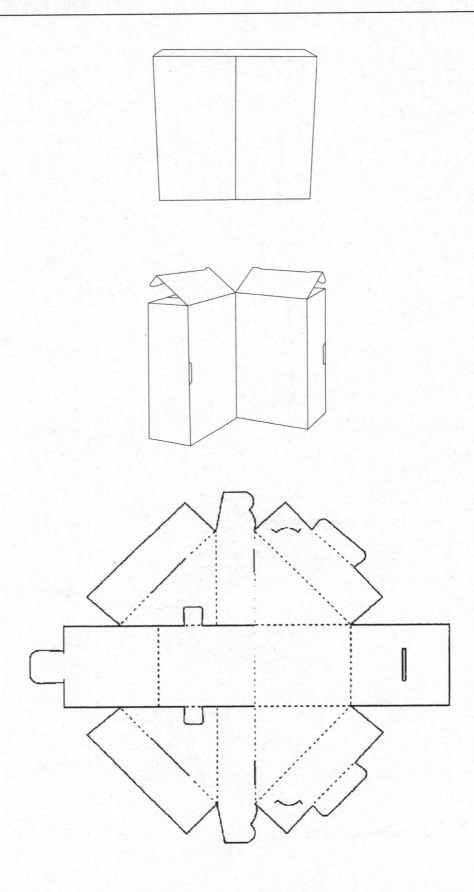

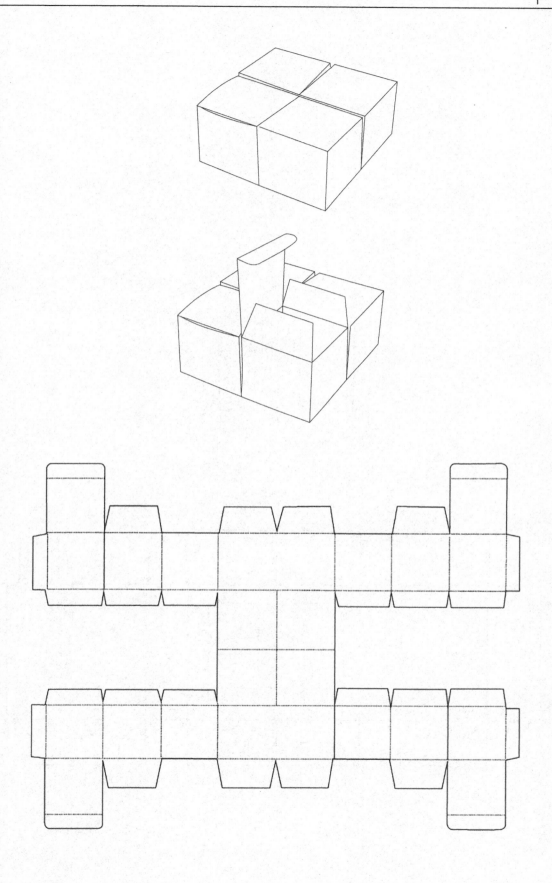

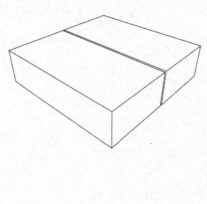

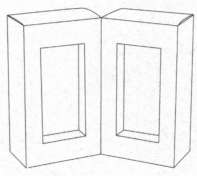

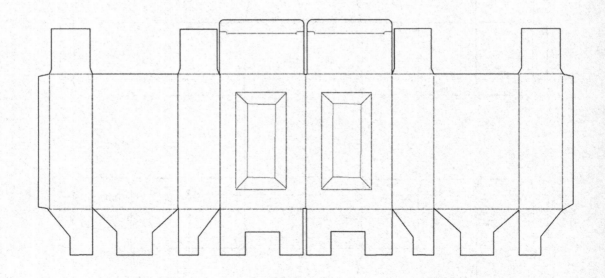

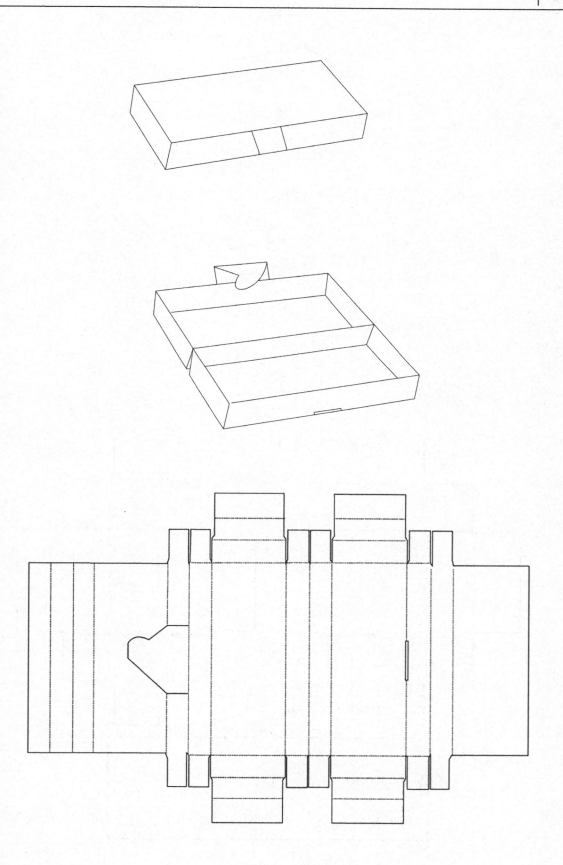

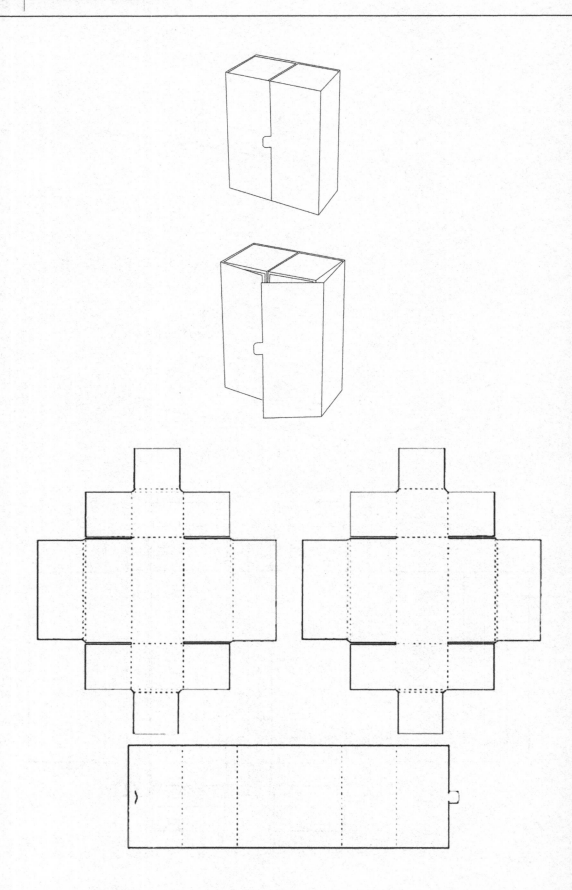

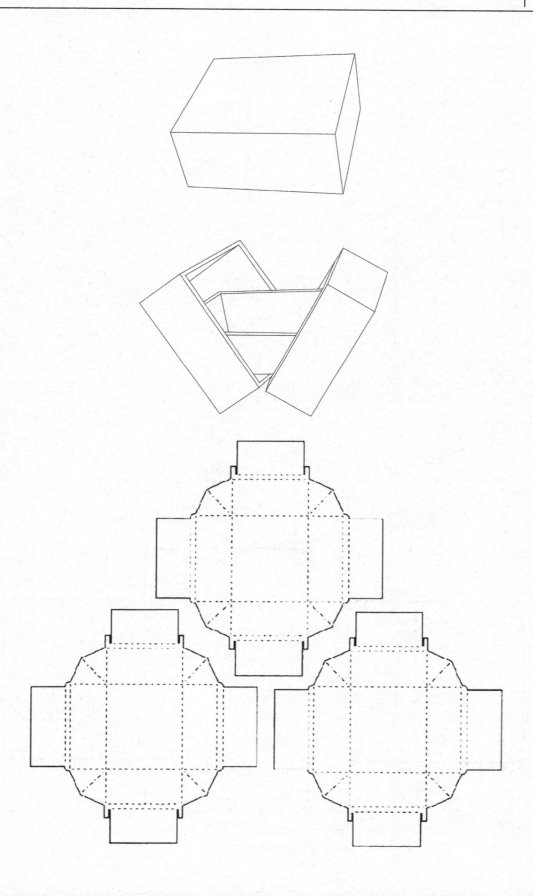

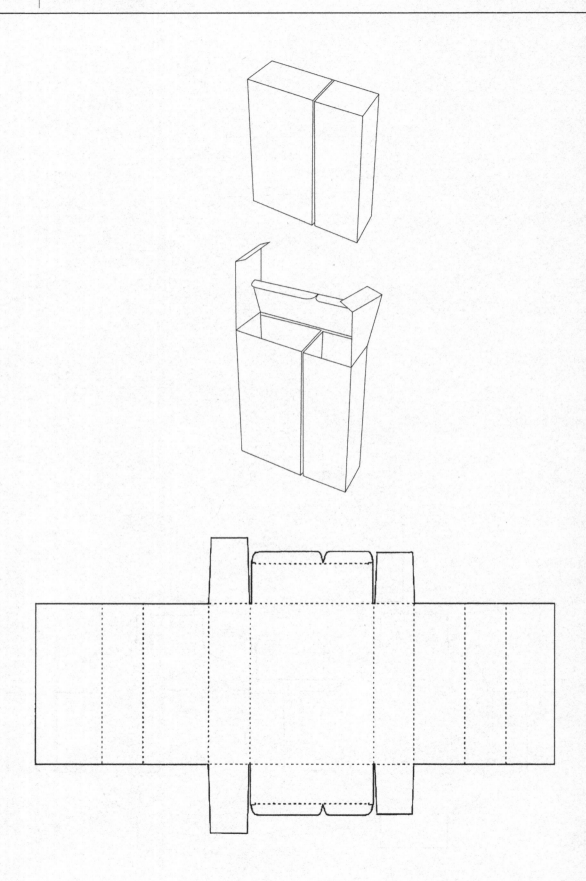

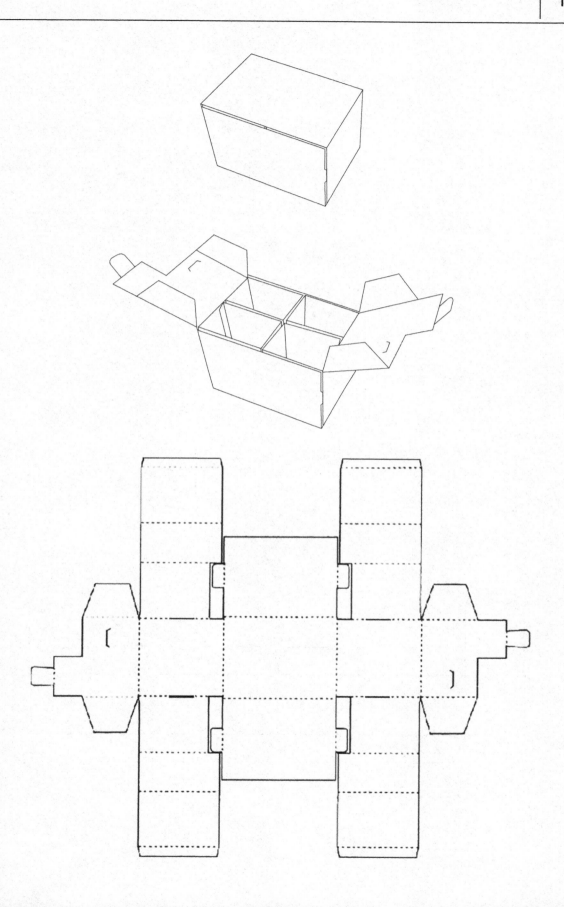

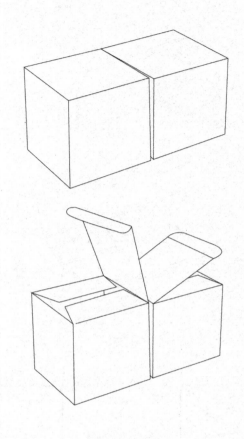

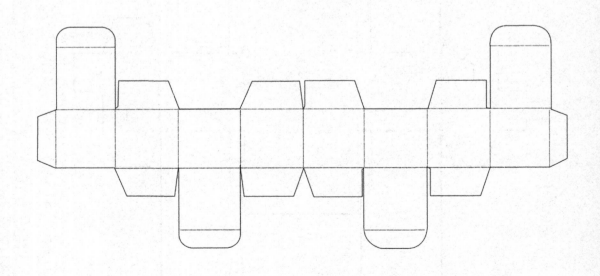

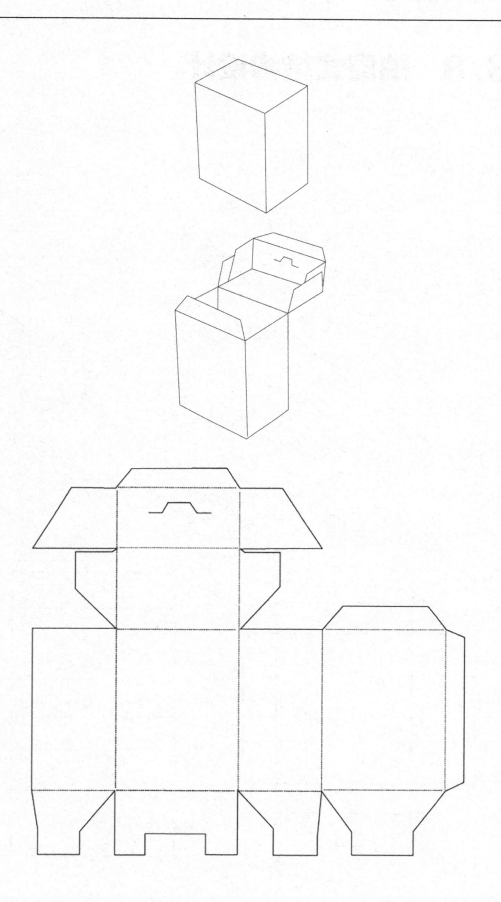

3.8　抽屉式结构设计

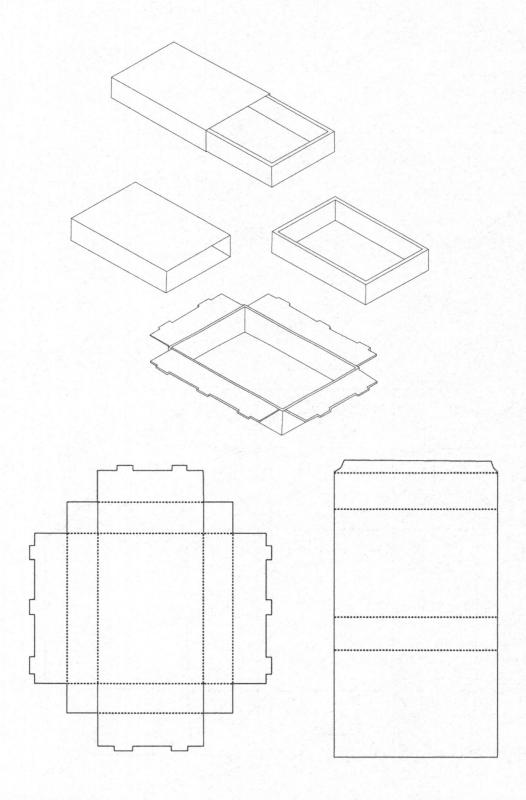

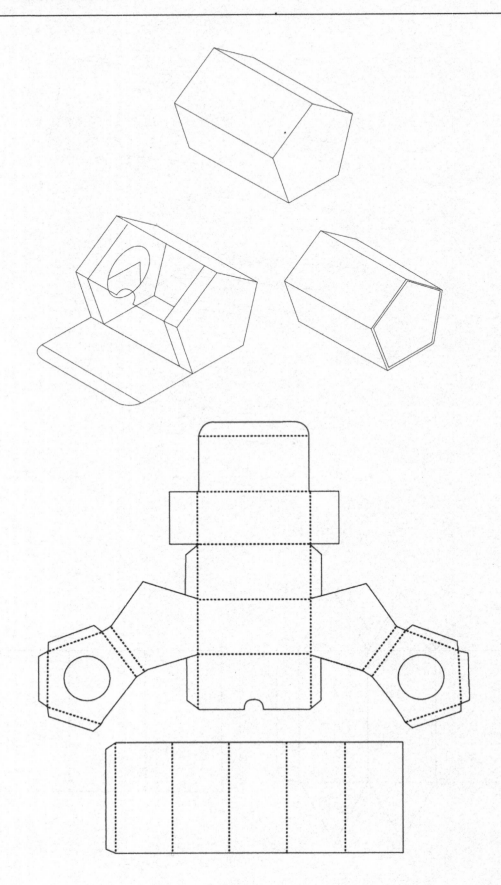

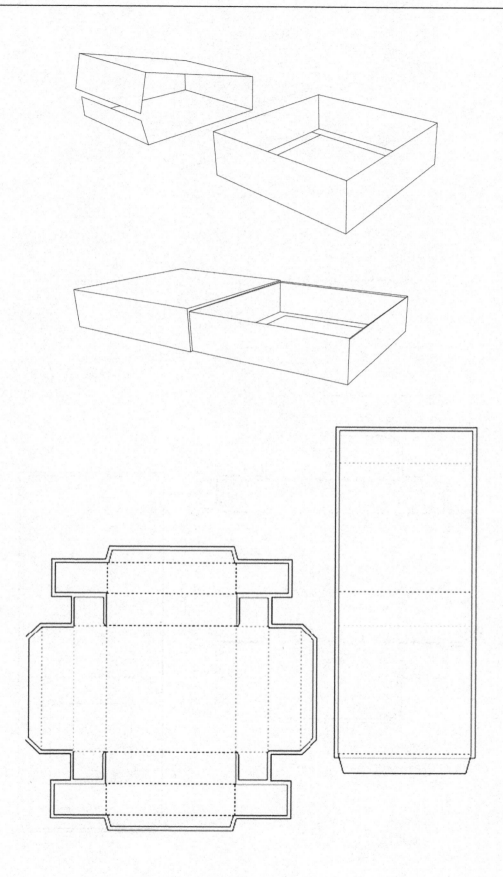

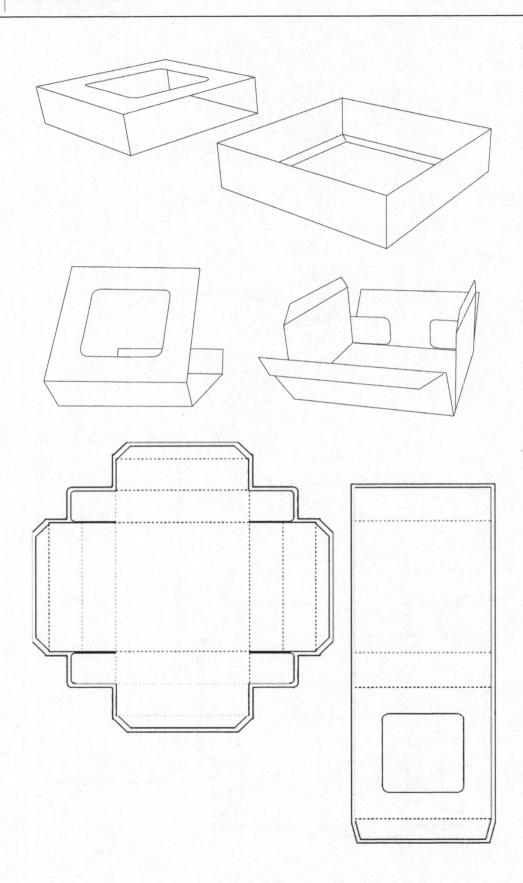

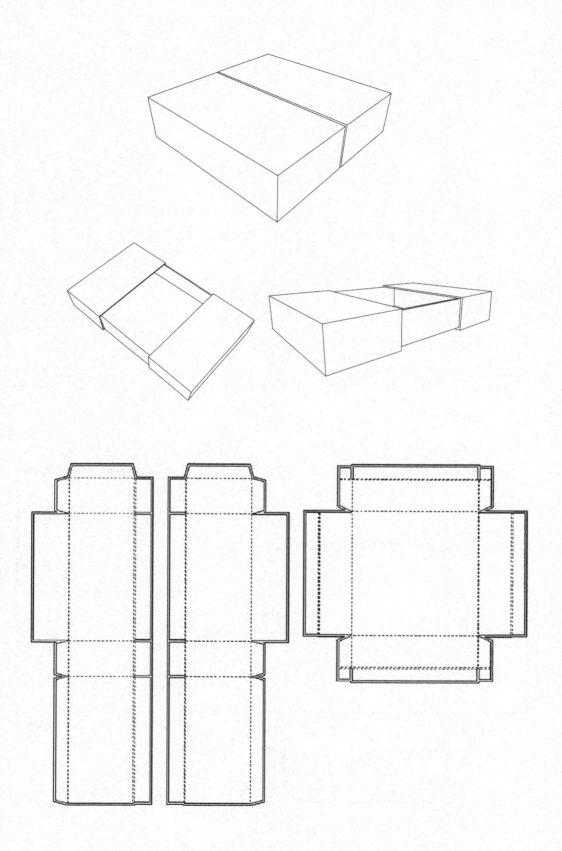

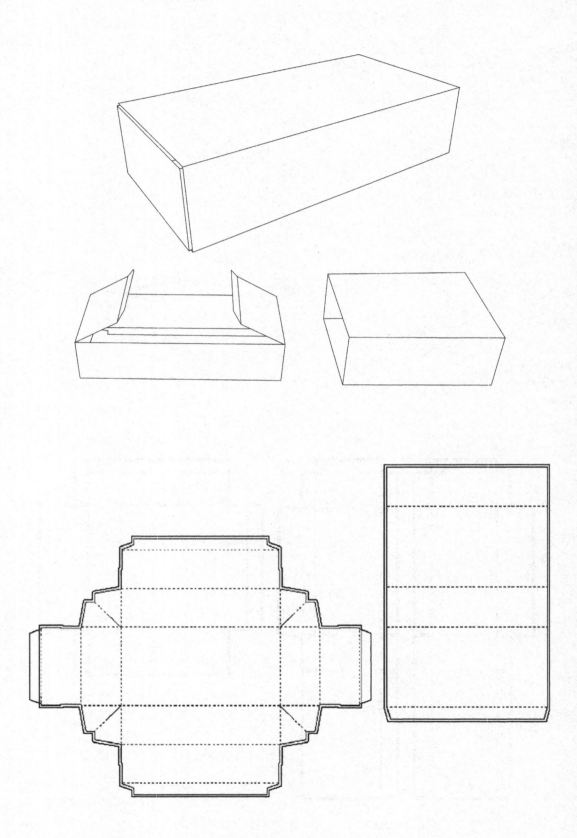

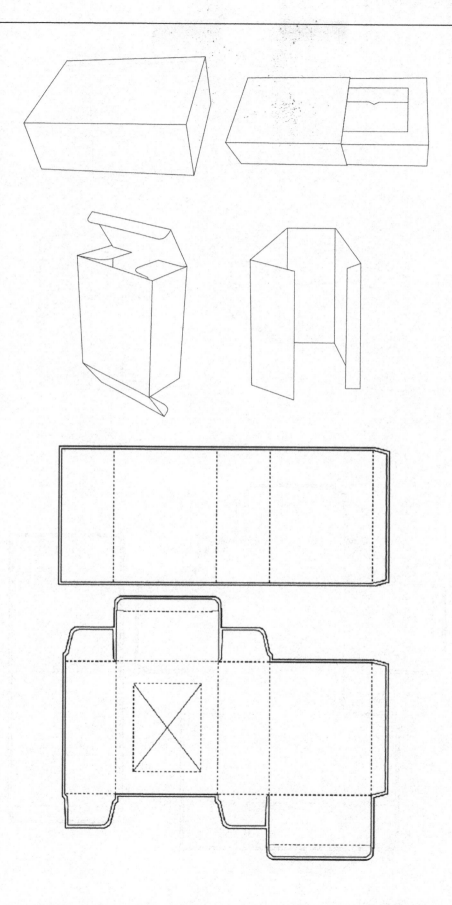

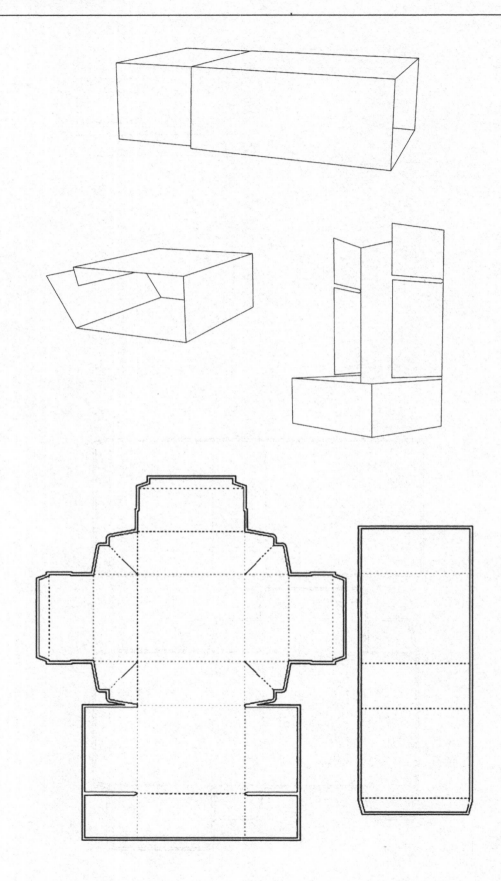

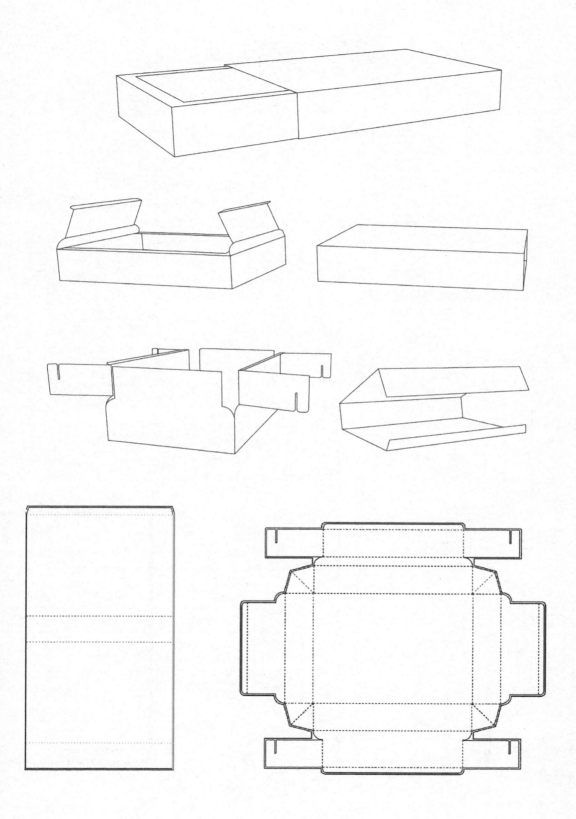

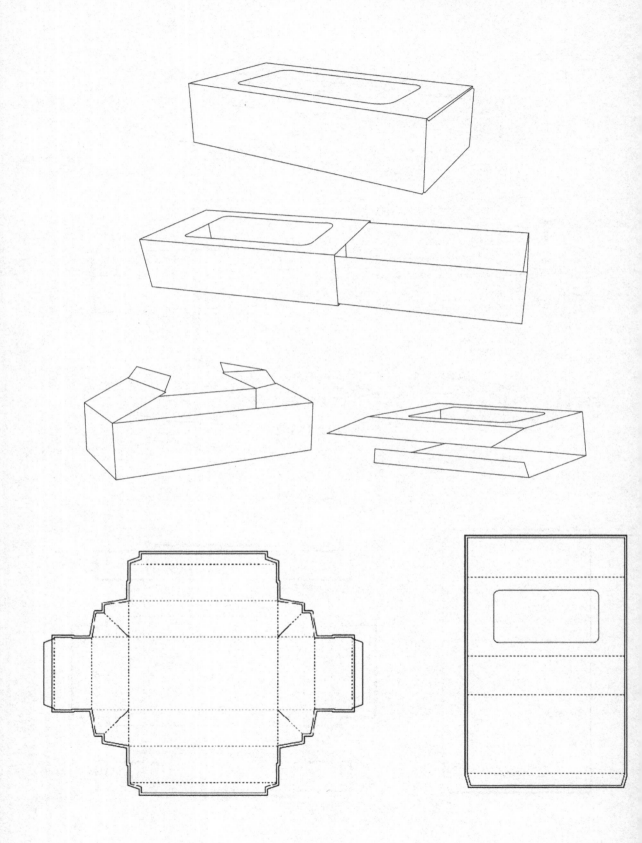

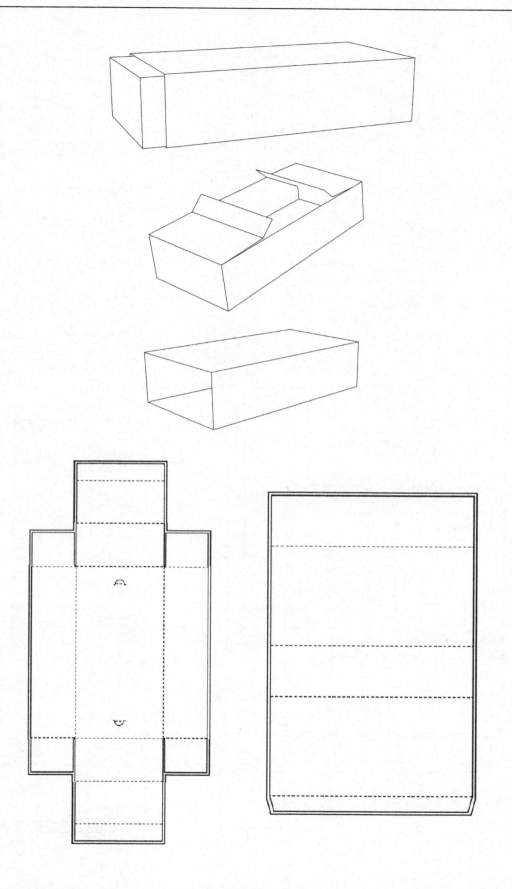

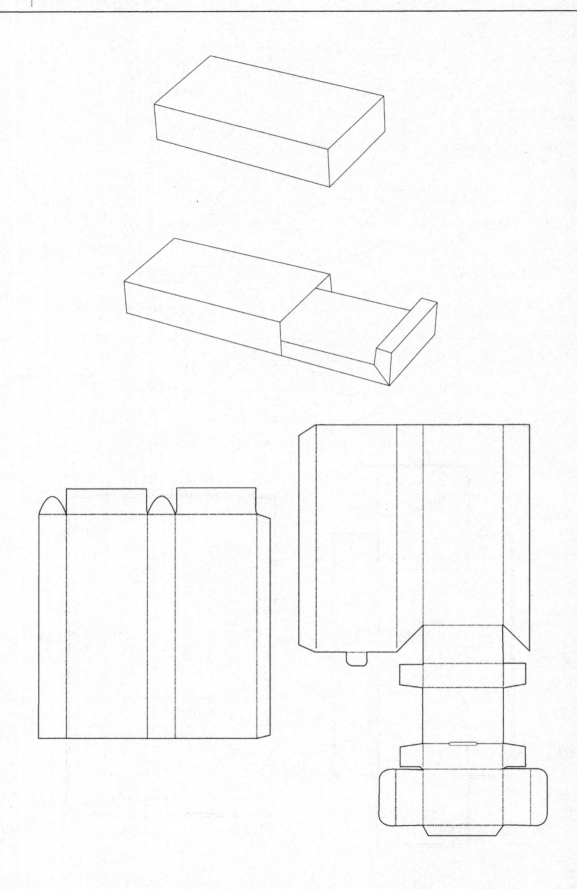

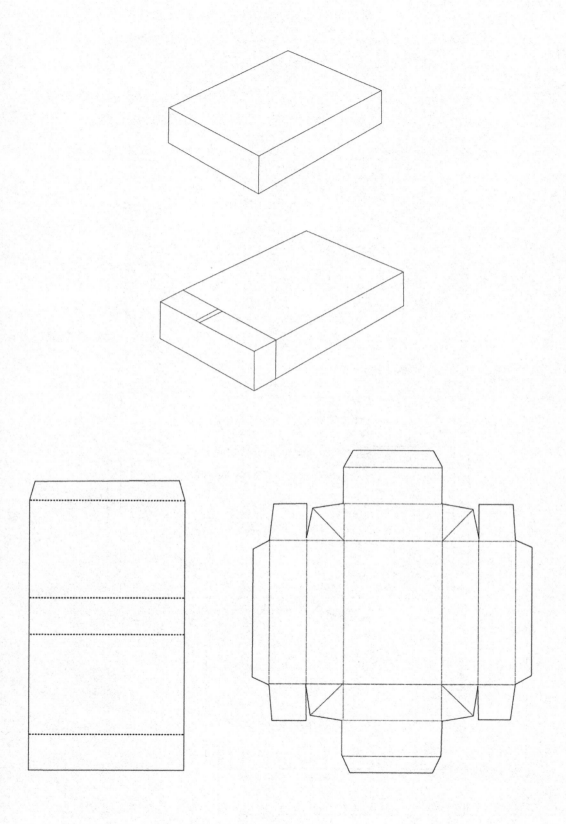

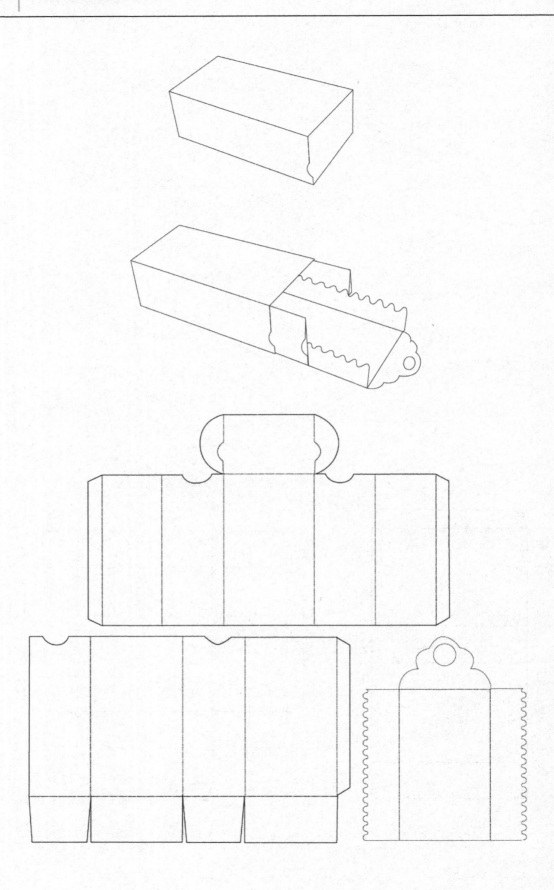

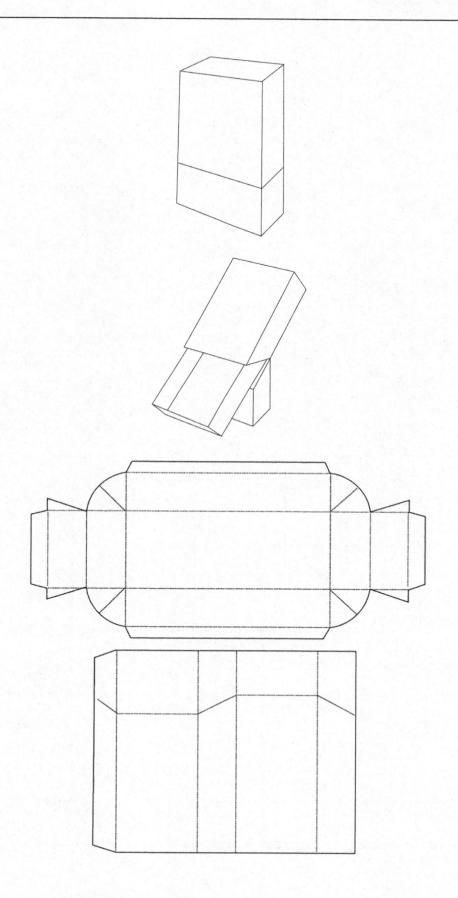

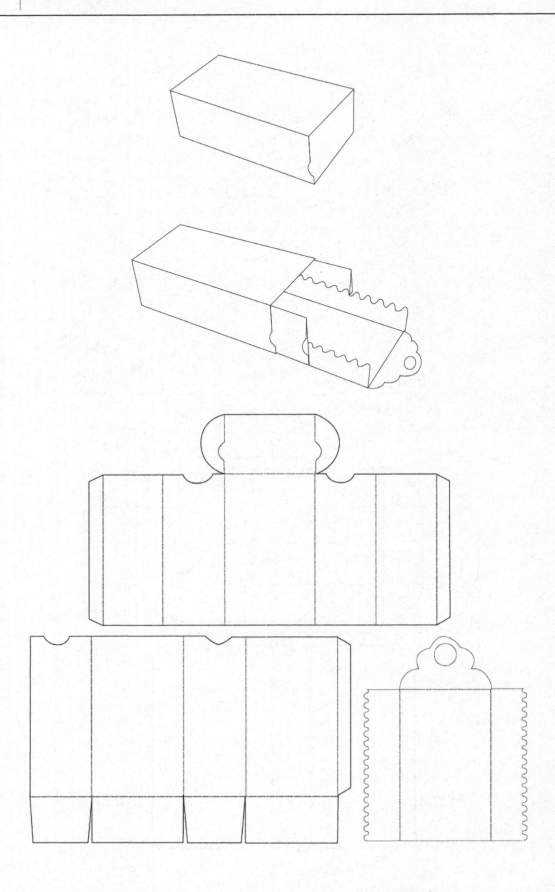

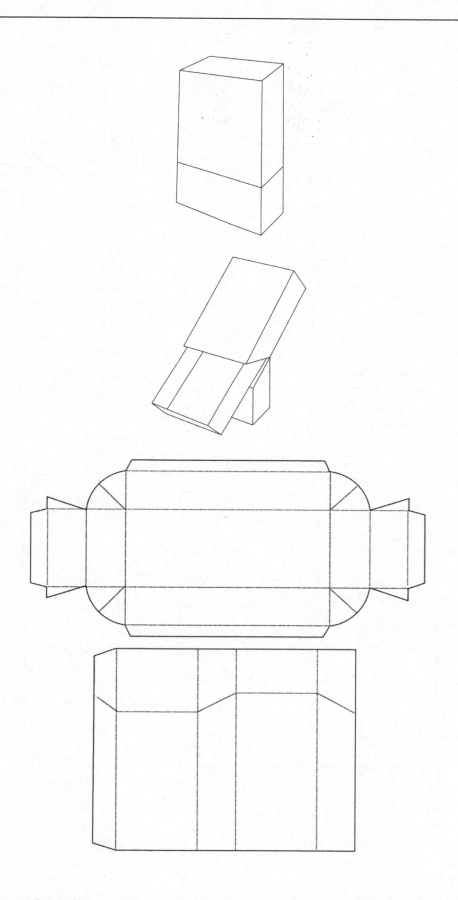

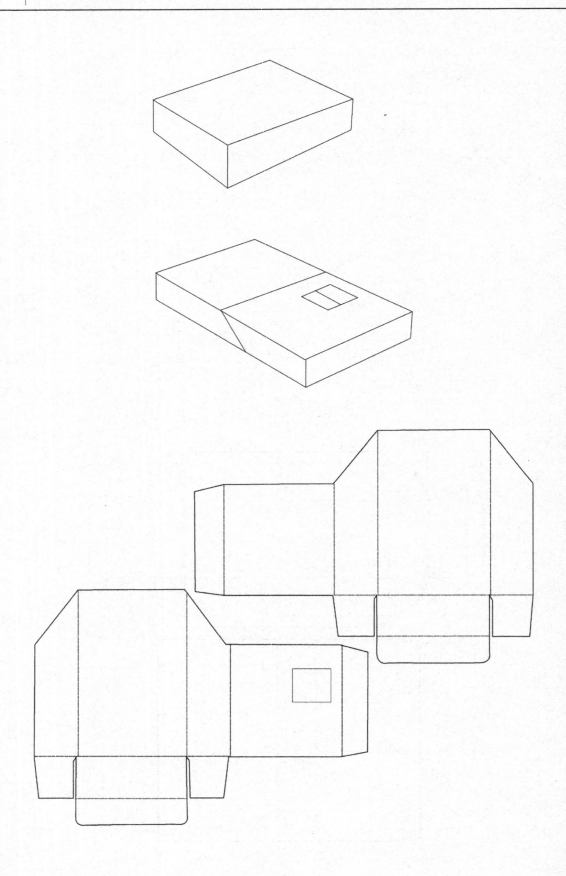

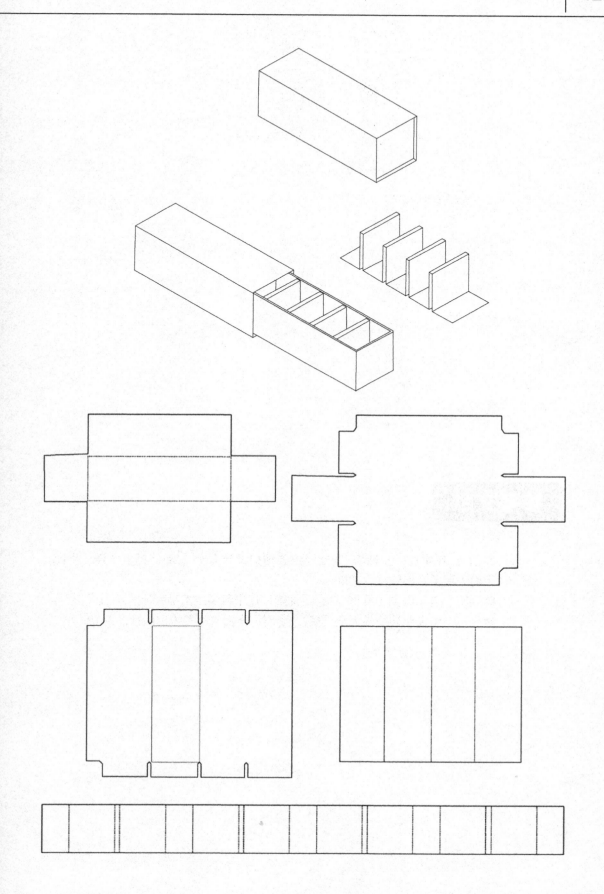

参考文献

[1]乔治·L 怀本加，拉斯洛·罗斯. 包装结构设计大全［M］. 杨羽，译. 上海：上海人民美术出版社，2006.
[2]陈金明. 包装纸盒 100 例［M］. 沈阳：辽宁科学技术出版社，2011.
[3]吴飞飞. 纸盒包装结构大全［M］. 上海：上海人民美术出版社，2019.